Más allá
del Big Bang

Más allá del Big Bang

Un breve recorrido por la historia del universo

IVÁN AGULLÓ

Papel certificado por el Forest Stewardship Council®

Primera edición: enero de 2020

© 2020, Iván Agulló
© 2020, Penguin Random House Grupo Editorial, S. A. U.
Travessera de Gràcia, 47-49. 08021 Barcelona

Printed in Spain – Impreso en España

ISBN: 978-84-17636-64-7
Depósito legal: B-22.456-2019

Compuesto en Pleca Digital, S. L. U.
Impreso a Reinbook Serveis Gràfics, S. L.
Polinyà (Barcelona)

C 636647

Penguin
Random House
Grupo Editorial

A Emmy y Mari, mi universo

Índice

Cosmología: qué, cómo, por y para qué

Qué

El universo, tal y como se define en el diccionario de la Real Academia Española de la lengua, es el «conjunto de todo lo existente». La cosmología se ocupa del estudio del universo en su globalidad. Es decir, el objetivo de esta disciplina no es abordar los constituyentes individuales del cosmos, como los planetas, las estrellas, las galaxias, etcétera; esto lo hace la astrofísica, la ciencia de los astros. La cosmología se ocupa de entender la estructura holística o colectiva del conjunto de todos los cuerpos celestes. En este sentido, se asemeja a la sociología, ciencia que estudia no las acciones de individuos particulares, sino el comportamiento global de la sociedad. El estudio del universo conlleva sin duda un inmenso desafío intelectual, y nos enfrenta a preguntas fascinantes y de gran profundidad filosófica: ¿es el universo infinito en extensión o tiene cierto tamaño? ¿Es estático, es decir, tiene una estructura que permanece invariable en el tiempo o, por el contrario, es dinámico, cambiante (era diferente en el pasado y lo será también en el futuro)? ¿Ha existido desde siempre, o tuvo un comienzo? ¿Tendrá un final?

Estas preguntas han inquietado la mente humana desde

nuestros orígenes hasta el punto de que, en mi opinión, es precisamente la obsesión por entender el cosmos lo que mejor nos caracteriza como especie. De hecho, el morfema «antropo» («hombre») proviene del griego *ántrophos*, cuya traducción literal es «quien mira hacia arriba».

Cómo

En la antigüedad las discusiones sobre cosmología estaban basadas en creencias de carácter místico, religioso y filosófico. La cosmología moderna, por el contrario, afronta el estudio del universo desde un punto de vista puramente científico, con el rigor que esto conlleva. El objetivo es entender cómo funciona el cosmos, y las creencias personales son irrelevantes en esta tarea. El llamado método científico marca el protocolo de investigación y, de forma resumida, consta de cuatro simples pasos: 1) observar; 2) formular una teoría capaz de explicar las observaciones; 3) utilizar la teoría formulada para hacer nuevas predicciones; 4) realizar nuevas mediciones para contrastarlas. Este último ingrediente es esencial, pues una teoría científica se califica como incorrecta o incompleta cuando es incapaz de explicar aunque sea solo uno de los fenómenos observados. El brillante físico Richard P. Feynman, ganador del Premio Nobel de Física en 1965, resumió el núcleo de la ciencia en su conocida frase: «No importa cuán bonita sea una teoría, cuán inteligente fue quien la planteó, ni cómo se llamaba. Si no está de acuerdo con los experimentos, es incorrecta». En cierto sentido, la actitud científica es antagónica a la forma de proceder en política. Algunos de los que practican esta última creen que las ideas personales se vuelven verdades después de repetirlas muchas veces, en un tono más elevado que el del contrincante si es necesario. Los científicos, por el contrario, somos conscientes de que nuestros gustos sobre cómo debe ser el universo son irrelevantes. Aunque no podemos evitar plasmar nuestras inclinaciones en las teorías que formulamos, estamos dispuestos a abandonarlas si nos damos cuenta de que la naturaleza no se rige por ellas.

El contenido de este libro es el resultado de aplicar el método científico al estudio del universo. La teoría que hoy llena los libros y que aquí resumimos no ha sido la única propuesta. Es, sin embargo, la que ha sobrevivido a las rigurosas comprobaciones y escrutinios a partir de las nuevas observaciones. La cosmología moderna es, por tanto, el resultado de una simbiosis entre teoría y observaciones precisas. Para distinguir esta versión de la antigua cosmología basada en argumentos no científicos, se emplea el nombre de «cosmología física».

Por y para qué

La justificación más importante para estudiar cosmología reside simplemente en nuestra curiosidad intelectual, que es la esencia misma de nuestra especie. Esto es ciertamente lo que me motiva a dedicar mi vida a esta disciplina. Nuestra especie está dotada con el don de la razón y está en nuestra propia naturaleza aprovechar al máximo ese gran regalo. Quizá algunas mentes con orientación más práctica no queden satisfechas con mi respuesta, e insistan en preguntar cuáles son los beneficios que la comprensión del universo trae a la sociedad. Esta parte de la física se integra en las llamadas «ciencias básicas», las cuales no se desarrollan por sus aplicaciones prácticas y tecnológicas. Pero es bien sabido que la ciencia básica sienta las bases de la tecnología del futuro. No existe la segunda sin la primera. Hace poco más de cien años nació la mecánica cuántica, y por entonces se pensaba que esta teoría era relevante solo para describir partículas subatómicas; ni los más optimistas pensaban en sus aplicaciones prácticas. Más de un siglo después nos encontramos a las puertas de una verdadera revolución tecnológica basada en la computación y la comunicación cuánticas. En el ámbito de la cosmología misma, la teoría de la relatividad general de Einstein, que discutiremos en el capítulo 3, se creía importante únicamente para describir lugares extremos en el universo, como estrellas de neutrones, agujeros negros, o el cosmos a gran escala. Hoy en día las sutilezas de esta teoría han sido incorporadas a la tecnología del sistema de posicionamiento global (GPS, por sus siglas en inglés) y son esenciales para alcanzar su actual precisión. Es, por tanto, indiscutible que el progreso de la humanidad está ligado a la ciencia básica.

SOBRE ESTE LIBRO

La cosmología es una disciplina que fascina al ser humano y es responsabilidad de quienes nos dedicamos a ella, financiados en gran medida por fondos públicos, compartir nuestros descubrimientos y cuánto disfrutamos haciéndolos. Este no es el primer libro que pretende divulgar en cosmología, pero es diferente al resto en su forma y contenido. Este libro se dirige a una mayoría de mentes curiosas que siente intriga por esta materia, pero que no dispone del tiempo que requiere absorber una enorme cantidad de detalles. El objetivo de estas páginas es proporcionar un resumen, ameno y en un lenguaje accesible, de las principales ideas en las que se basa esta área del conocimiento. Por tanto, el lector no encontrará aquí una referencia exhaustiva, sino una síntesis de los aspectos más relevantes de la historia de nuestro universo contada con pasión. Este es de verdad un relato fascinante y es mi deseo que este libro sea, desde una perspectiva intelectual, motivador y provocador.

Termino este prefacio con una frase del gran maestro Albert Einstein, que resume con cierto aroma cómico la esencia de la cosmología: «Lo más incomprensible del universo es que es comprensible».

1

La estructura del universo

Al contemplar el cielo en una noche clara es inevitable abrumarse por su belleza, liberar la mente y preguntarse cuál es la arquitectura del inmenso cosmos. Este capítulo resume brevemente la forma en que planetas, estrellas y galaxias se distribuyen en el universo y forman su estructura.

La Tierra

Nuestro planeta tiene un radio medio de 6.371 kilómetros. Gira sobre su eje aproximadamente una vez cada veinticuatro horas, y alrededor del Sol una vez por año, para lo que necesita una velocidad de translación media de 29,8 kilómetros por segundo (¡107.280 kilómetros por hora!). La Tierra tiene un satélite, la Luna, que orbita a su alrededor cada 27,3 días. El radio de la Luna es más de una cuarta parte el de la Tierra. La distancia entre la Tierra y la Luna es de 384.400 kilómetros.

El Sol

Es la estrella más cercana a la Tierra y nuestra principal fuente de energía. Tiene un radio de 695.700 kilómetros, más de cien veces el radio de la Tierra (lo que equivale a un volumen un millón de veces mayor). La distancia media entre la Tierra y el Sol es de 149.600 millones de kilómetros, más de doscientas veces el radio del Sol.

EL SISTEMA SOLAR

Además de la Tierra, existen otros siete planetas que orbitan el Sol. La distancia del Sol a Neptuno, el planeta más alejado, es de aproximadamente 4.500 millones de kilómetros, unas treinta veces la distancia entre la Tierra y el Sol. La Tierra no es el único planeta alrededor del cual orbitan satélites. Por ejemplo, Marte tiene dos (Deimos y Fobos), Urano veintisiete y Júpiter ¡setenta y nueve satélites confirmados!

Existen otros muchos objetos en el sistema solar. Entre Marte y Júpiter se encuentra un «cinturón» formado por numerosos asteroides, hechos de roca y metales. Se cree que son los restos de lo que podría haber sido un octavo planeta, el cual no se formó debido a la influencia gravitatoria de Júpiter.

El sistema solar se extiende más allá de Neptuno, donde se pueden encontrar numerosos objetos, algunos de ellos lo suficientemente grandes para llamarlos planetas enanos, como Plutón.

LAS ESTRELLAS MÁS CERCANAS

Más allá del Sol, la estrella más cercana es Próxima Centauri, una de las tres estrellas que componen el sistema Alpha Centauri, situado en la dirección de la constelación Centaurus. Próxima Centauri es una estrella de tipo enana roja; su masa es apenas un 12 por ciento la del Sol. Se encuentra a cuarenta billones de kilómetros del Sol. Puesto que las distancias empiezan a ser ridículamente grandes, es conveniente cambiar de unidad y utilizar el año luz en lugar de kilómetros. Un año luz mide la distancia que recorre la luz en un año (la velocidad de la luz es de 300.000 kilómetros por segundo). Próxima Centauri se encuentra a 4,2 años luz de la Tierra. Una de las noticias astronómicas más excitantes de los últimos años fue el descubrimiento en 2016 de un planeta que orbita Próxima Centauri, con una masa similar a la de la Tierra y condiciones que lo hacen potencialmente habitable. Los científicos bautizaron este planeta con el «original» nombre de Próxima Centauri B. A escala cósmica Próxima Centauri B se encuentra a la vuelta de la esquina, lo que hace de él un refugio potencial para los seres humanos si la Tierra desapareciese. Más allá del sistema Alpha Centauri, la estrella más cercana es la estrella de Barnard, a unos 6 años luz de la Tierra. En noviembre de 2018 un grupo de astrónomos anunció la observación de un planeta orbitando a su alrededor, con una masa de aproximadamente 3,2 veces la de la Tierra, aunque mucho más frío (alrededor de -150 grados Celsius en la superficie).

Nuestra galaxia

¿Cómo están distribuidas las estrellas a lo largo del universo? Una posibilidad es que estas se encuentren esparcidas de forma más o menos uniforme a lo largo y ancho del cosmos. No es así. Por el contrario, las estrellas se concentran en enormes grupos conocidos como galaxias. Nuestro sistema solar se encuentra en la Vía Láctea, una galaxia que contiene varios cientos de miles de millones de estrellas, muchas de ellas con sus propios planetas. El diámetro promedio de la Vía Láctea es de 160.000 años luz; es decir, la luz, lo más rápido que existe, ¡tarda 160.000 años en cruzarla! La Vía Láctea es un tipo de galaxia llamada espiral barrada, por la forma en que se distribuyen sus estrellas. El sistema solar se encuentra en el llamado Brazo de Orión, a 27.000 años luz del centro galáctico, y gira a su alrededor en un periodo aproximado de 230 millones de años.

Otras galaxias

En el universo hay un número ingente de galaxias. Como las estrellas, las galaxias también se concentran en grupos. La Vía

Nuestro sistema solar

FIGURA 1. La Vía Láctea y nuestra posición en ella. Evidentemente, esta imagen es una ilustración y no una fotografía real, pues nunca nadie ha salido de la galaxia para fotografiarla. (Science Photo Library / Age)

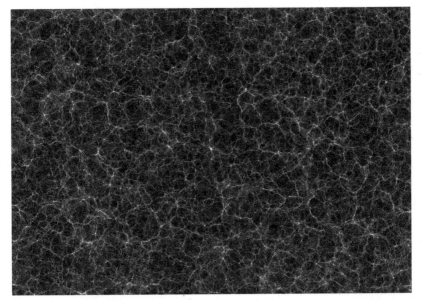

FIGURA 2. El tejido cósmico: la estructura a gran escala del universo. Cada constituyente es un supercúmulo de galaxias. (Science Photo Library / Age)

Láctea pertenece al llamado Grupo Local, formado por algo más de cincuenta galaxias. El Grupo Local tiene un diámetro aproximado de diez millones de años luz. Entre las galaxias que lo constituyen destaca Andrómeda, la más grande del grupo, seguida por la Vía Láctea. Un dato curioso es que las observaciones indican que la Vía Láctea colisionará con Andrómeda dentro de unos cuatro mil millones de años, fusionándose en una única galaxia que se ha bautizado como Lactómeda.

A su vez, el Grupo Local pertenece al supercúmulo de Virgo, que contiene unos cien grupos de galaxias y tiene un diámetro aproximado de ciento diez millones de años luz. Finalmente, los supercúmulos de galaxias también se agrupan para formar, ahora sí, la mayor estructura que conocemos. Sin embargo, estos supercúmulos no se acumulan formando estructuras más o menos esféricas, sino que lo hacen en forma de espaguetis o filamentos, dejando grandes espacios vacíos de por medio. El resultado es similar a un tejido cuando se mira bajo el microscopio. Por esta razón, nos referiremos a esta estructura como el tejido cósmico. La diferencia con un tejido cualquiera es que cada «fibra» del tejido cósmico está formada por múltiples supercúmulos de galaxias.

En resumen, la estructura más grande conocida en el universo está formada por el tejido cósmico, hecho de un número ingente de supercúmulos de galaxias, cada uno de ellos formado por una multitud de grupos de galaxias, que a su vez están compuestos por decenas de galaxias. Cada galaxia está formada por miles de millones de estrellas, muchas de ellas con planetas que giran a su alrededor. En uno de esos planetas, y probablemente también en muchos otros, viven unos individuos que dedican su tiempo a entender la estructura del universo y se hacen llamar cosmólogos.

Una de las dificultades que todos experimentamos cuando pensamos en el cosmos es tomar consciencia de las enormes distancias involucradas: son tan grandes que nuestra mente es simplemente incapaz de asimilarlas. El radio del planeta Tierra nos parece descomunal, pero en comparación con el tamaño del supercúmulo de Virgo es insignificante: el radio de este último es ¡100.000 billones de veces más grande que el de la Tierra! Es muy difícil asimilar cuán grande es esta cifra. Por hacer una comparación provocadora, el diámetro de la Tierra es «solo» 100.000 millones de veces mayor que el diámetro de un grano de arena. Para llegar a los diecisiete ceros de Virgo habríamos de comparar un grano de arena con un objeto cuyo radio fuese mil veces mayor que el del Sol.

Terminamos este capítulo con la siguiente pregunta: ¿cuál es el tamaño de nuestro universo? La respuesta es simple: no lo sabemos. Lo que sí sabemos es que, por un lado, la porción del universo que podemos observar con nuestros telescopios tiene un diámetro de 93.000 millones de años luz; recordad que el tamaño del supercúmulo de Virgo es de 110 millones de años luz, una minucia comparada con esa cifra. Pero también sabemos de forma indirecta que el universo es mucho más grande de lo que podemos ver. ¿Cuánto más grande? No estamos seguros, pero ciertamente se extiende mucho más allá de lo que hemos observado. Incluso es posible que sea infinito.

2

La expansión cósmica

Explicada la estructura del universo en el presente, es momento de poner sobre la mesa una pregunta realmente provocadora. ¿Ha sido esta estructura la misma a lo largo del tiempo, o ha ido cambiando, modificando la apariencia del universo? Esta cuestión ha sido analizada por grandes pensadores a lo largo de la historia de la humanidad. La mayoría de intelectuales clásicos creían que el universo es estático, inmutable al paso del tiempo. Los antiguos cosmólogos aceptaban cambios a nivel local, como que una estrella naciese, crease planetas a su alrededor, o dejase de brillar cuando consumía por completo su combustible. Pero no concebían que la estructura global del cosmos cambiase. Hay algo en el ser humano, no estoy seguro si de origen puramente filosófico o debido a la influencia de las religiones, que nos hace sentir incómodos con la idea de un universo cambiante. Así lo han manifestado las grandes mentes de la historia, desde Aristóteles y Newton hasta el propio Einstein, los cuales defendieron con tenacidad que el universo ha de ser estático, sin disponer realmente de evidencia alguna.

Puesto que no era fácil encontrar pruebas a favor o en contra de estas opiniones antes del siglo XX, el debate descansó en argumentos no científicos. Por suerte, el avance tecnológico hizo posible la construcción de telescopios suficientemente potentes para llevar la pregunta a nivel observacional. Las creencias y prejuicios dieron paso a la evidencia, que zarandeó con violencia uno de los supuestos más arraigados de la cosmología.

En 1929, Edwin Hubble publicó las sorprendentes conclusiones de sus estudios llevados a cabo en el observatorio astronómico del monte Wilson, en Los Ángeles: *las galaxias distantes se alejan todas de nosotros, y tanto más rápido cuanto más lejos están.* Tales conclusiones se basaron en las observaciones realizadas mayormente por su asistente, Milton Humason, cuya historia resulta curiosa y digna de ser mencionada. Humason abandonó la escuela elemental a los catorce años y nun-

FIGURA 3. Einstein y Hubble en el telescopio del observatorio del Monte Wilson, 1931. (Cortesía de Archives, California Institute of Technology)

ca retomó sus estudios. Se trasladó a California, donde empezó a trabajar como conductor de un carro tirado por mulas en la construcción del observatorio del Monte Wilson. En 1917 fue contratado como personal de limpieza en el observatorio. Su meticulosa forma de trabajar y su interés le valieron un ascenso a asistente nocturno para operar el telescopio. Su pasión, paciencia y habilidad impresionaron a sus superiores, quienes le promovieron a puestos de mayor responsabilidad, hasta trabajar con el propio Hubble. Las observaciones de Humason constituyeron uno de los resultados más importantes de la historia de la astronomía y lo convirtieron en un astrónomo reconocido en todo el mundo, probablemente el único que abandonó la escuela en octavo curso.

¿Cómo lograron averiguar Hubble y Humason que las galaxias se alejan de nosotros? La clave está en darse cuenta de que, si un objeto se aleja, la luz que nos llega de él se vuelve más rojiza, y aún con más intensidad cuanto mayor sea su velocidad (si se acerca la luz se vuelve más azulada). No apreciamos este efecto en la vida cotidiana porque las velocidades a nuestro alrededor son demasiado pequeñas. Pero todos hemos experimentado un fenómeno similar con el sonido. La bocina de un tren o la sirena de una ambulancia suenan más graves si estos se alejan, y más agudas cuando se acercan a nosotros. Este fenómeno se conoce como efecto Doppler, en honor al físico austriaco Christian Doppler. Lo que Hubble y Humason hicieron fue analizar la luz emitida por un gran número de galaxias, la cual les reveló que estas se alejan.

Una figura esencial y muchas veces ignorada en esta historia es Henrietta Leavitt, brillante astrónoma del observatorio de Harvard. Sus descubrimientos proporcionaron un ingrediente crucial para Hubble: una forma de medir la distancia a galaxias lejanas. La estimación de estas distancias era uno de los principales problemas en la astronomía de la época y Leavitt se dio cuenta de que existe un tipo de estrellas, llamadas Cefeidas, que pueden ayudar en esta tarea. Se sabía que el brillo de las Cefeidas varía de forma periódica. Leavitt descubrió un hecho sobresaliente: que existe una relación entre dicho periodo y la cantidad total de luz que emiten. De modo que, si se mide la variación del brillo de una de estas estrellas, es posible saber la totalidad de la luz emitida, y comparando esta cantidad con la porción de luz que nos llega de ella podemos calcular de forma sencilla a qué distancia se encuentra. Este descubrimiento revolucionó la astronomía, pues permitió a los astrónomos darse cuenta de que las distancias a otras galaxias son mucho mayores de lo que pensaban. De repente, el tamaño del universo observado creció estrepitosamente gracias a Leavitt. La obra de teatro *Silent sky*, de la escritora y dramaturga estadounidense Lauren Gunderson, cuenta la vida de Leavitt y escenifica la dificultad titánica de ser una brillante científica en aquella época.

La gran incógnita es cómo interpretar las observaciones de Hubble y Humason. ¿Qué significa que las galaxias distantes estén, todas ellas, alejándose de nosotros? La primera conclusión es clara: ¡el universo está cambiando! Si unas cuantas galaxias se acercasen y otras se alejasen, el universo podría permanecer inalterado a grandes rasgos. Pero si todas se alejan no hay más remedio que aceptar que el futuro del cosmos será diferente al presente, como también debió de serlo el pasado. Hemos de absorber el impacto psicológico y admitir que el universo no es, en absoluto, estático. Pero nos gustaría entender qué nos dicen estas observaciones acerca de la manera concreta en la que cambia el cosmos. La interpretación aparentemente más obvia sería decir que ocupamos el centro del universo y que debido a esta posición privilegiada vemos al resto de galaxias alejarse. Sin embargo, la mayoría de cosmólogos consideran erróneo este punto de vista, una consideración que haría que Copérnico y Galileo se levantasen enojados de la tumba. Cada vez que hemos creído ocupar un lugar especial, nos hemos equivocado y no hay razón para pensar que esta vez sea diferente. Existe otra explicación más natural. Si creemos que nuestra posición en el cosmos no es mejor ni peor que ninguna otra, entonces hemos de admitir que otro astrónomo imaginario situado en otra galaxia observaría exactamente lo mismo, que el resto de galaxias se alejan de él. No es fácil, sin embargo, imaginar cómo algo así puede ser posible.

Una solución factible, que de hecho es la correcta, es que el universo está en expansión. Aunque es probable que muchos lectores hayan escuchado esta frase, no es fácil comprender su significado. Lo que se quiere decir con que el universo se expande es literalmente eso, que cada día es «más grande», en el sentido de que la distancia entre dos puntos cualquiera aumenta con el tiempo debido a que se crea más espacio de forma continua. Una analogía útil, aunque también con algunas limitaciones, es la de la cocción de un pan infestado de hormigas. Comenzamos con una masa de harina, agua y levadura que sin darnos cuenta se ha llenado, de forma más o menos uniforme, de hormigas. La masa representa el papel del universo y las hormigas el de las galaxias. Cuando metemos la masa en el horno, esta empieza a crecer por efecto de la levadura, de forma que todas las hormigas se alejan unas de otras, y tanto más rápido cuanto más separadas estén, pues existe más cantidad de masa en expansión entre ellas. Nótese que las hormigas no se alejan entre sí porque se muevan *a través de* la masa. No lo hacen, sino que se mueven *con* la masa, que está en expansión. Esto mismo ocurre con las galaxias en el universo.

¿Por qué, entonces, no sentimos la expansión cósmica en

nuestra vida cotidiana y no nos alejamos los unos de los otros, la Luna del Sol, el Sol de la Tierra, etcétera? Porque a distancias pequeñas existen otras fuerzas atractivas que son lo suficientemente intensas para impedir que la expansión nos arrastre. Si pensamos en dos hormigas que dentro de la masa se unen de las patas debido a una amistad incondicional, la expansión de la masa no las separará si tal unión es lo bastante fuerte. Permanecerán unidas y ellas sí se moverán juntas a través de la masa en expansión que intenta separarlas. En el caso del universo, es la fuerza de la gravedad la que nos permite permanecer unidos. La Tierra nos atrae con fuerza, como también atrae a la Luna. La Tierra y el Sol también están gravitacionalmente ligados, como lo están todas las estrellas dentro de la Vía Láctea. La intensidad de esta atracción es suficiente para «vencer» a la expansión cósmica. Incluso la atracción entre la Vía Láctea y las galaxias más cercanas hace que estas permanezcan unidas, y en algunos casos hasta hace que se atraigan entre sí. Pero como la intensidad de la fuerza gravitatoria entre dos objetos disminuye a medida que se alejan entre sí, en cuanto consideramos galaxias fuera del Grupo Local la atracción gravitatoria ya no es capaz de contrarrestar la expansión. Es por esto que Hubble y Humason tuvieron que fijarse en galaxias suficientemente alejadas para apreciar la expansión cósmica.

La principal limitación del ejemplo del pan con hormigas es que nos hace pensar que el universo se expande dentro de algún «contenedor», algo que juega el papel del horno, que no se expande. No es así, pues el universo se define como todo aquello que existe, de manera que ese contenedor también formaría parte de él. El universo no se expande dentro de nada. A partir de mi experiencia, este es probablemente el mensaje más difícil de entender y asimilar en cosmología.

Nuestra intuición es simplemente incapaz de concebir la expansión de un objeto tridimensional (el universo en un instante dado) sin colocarlo dentro de un espacio más grande. Pero si algo hemos aprendido los científicos es que existen numerosos aspectos de la naturaleza que van más allá de nuestra intuición y no por ello dejan de existir. Hemos de aceptar nuestras limitaciones y utilizar el lenguaje de las matemáticas para superarlas. Las matemáticas permiten definir objetos tridimensionales (y en general de cualquier dimensión) sin necesidad de introducirlos en un espacio ambiente. Comparto, sin embargo, la desesperación del lector por no poder crear en su mente una imagen intuitiva. Los cosmólogos estamos en la misma situación, pero nos ayudamos de las matemáticas para entender aquello que la intuición no es capaz de visualizar. No olvidemos que en ciencia la última palabra la tienen las observaciones, y estas revelan de forma inconfundible que esto es precisamente lo que ocurre, por mucho que nos sorprenda.

Recuerdo con claridad la primera vez que leí que el universo está en expansión, que el espacio en sí mismo está creciendo, arrastrando a las galaxias con él y haciendo que se alejen unas de otras. Era un adolescente y no lograba comprender tales afirmaciones. Perdía el sueño intentando imaginar cómo es posible que el espacio se expanda sin que exista un espacio mayor donde pueda hacerlo; y sinceramente me sonaba a ciencia ficción o a la parábola de la multiplicación de los panes y los peces. No espero, pues, que el lector comprenda, después de haber leído los últimos párrafos, por qué el cosmos se expande. De hecho, hasta ahora solo he expuesto este descubrimiento y aún no he explicado a qué se debe. Entender la expansión y conciliarla con nuestra intuición no es tarea sencilla. Para ello fue necesaria una de las mentes más brillantes de la humanidad, Albert Einstein, quien proporcionó una explicación satisfactoria con su teoría de la relatividad general. De modo que el lector habrá de leer el siguiente capítulo para entender un poco mejor el origen de la «levadura cósmica» que provoca la expansión del universo.

NOTA HISTÓRICA

Se dice que Hubble descubrió la expansión cósmica. En mi opinión, esta afirmación atribuye excesivo mérito a Hubble. Ciertamente sus observaciones fueron sobresalientes, pero él nunca declaró que confirmaran que el universo se expande. Por aquella época había una explicación alternativa, basada en ideas del físico holandés Willem de Sitter, y Hubble renunció a posicionarse, argumentando que era trabajo de los físicos teóricos encontrar el significado de sus observaciones. Años después se demostró que la explicación alternativa de De Sitter es incorrecta.

Por otro lado, en 1927 el sacerdote y físico teórico belga Georges Lemaître había predicho y defendido con tenacidad y enorme claridad intelectual lo que Hubble descubrió un par de años después. Lemaître fue un adelantado a su tiempo, y tuvo que luchar contra las autoridades científicas de la época, el propio Einstein incluido, quien estuvo en contra de las ideas de Lemaître hasta que los telescopios demostraron sin lugar a dudas que eran correctas. Por ese motivo, en 2018 la Unión Internacional Astronómica, la misma que retiró a Plutón el título de planeta, reconoció que lo que se conocía como Ley de Hubble hasta el momento debía incluir el nombre de Lemaître, pasando a llamarse Ley de Hubble-Lemaître, y con ello hacer justicia a los aportes del físico teórico belga a la cosmología.

3

Einstein y su nueva forma de entender el espacio y el tiempo

Este capítulo describe la teoría que gobierna la estructura de nuestro universo. Pero ¿qué significa esto de la teoría del universo? Recordemos primero que la física es la ciencia que estudia las leyes de la naturaleza. Si leemos con atención notaremos que esta definición presupone de forma implícita algo importante, que la naturaleza está regida por unas leyes fundamentales y que, por tanto, no es aleatoria. A nivel filosófico esta es una suposición muy fuerte. ¿Por qué deben existir unas reglas básicas? Los físicos no sabemos responder a esta pregunta y pedimos ayuda a los filósofos en esa tarea. Pero estamos convencidos de que tales leyes existen, pues observamos que los fenómenos naturales siguen patrones bien definidos. Si dejamos caer una piedra desde una altura determinada y realizamos el experimento mil veces en las mismas condiciones, la trayectoria será siempre la misma. Estos patrones llevaron al ser humano a concluir que es posible hacer predicciones (por ejemplo, cuánto tardaría la piedra si se deja caer desde una altura diferente). Y las predicciones funcionan tan bien que nos hemos convencido de que verdaderamente tales leyes existen, una especie de código fundamental que rige el comportamiento de los fenómenos naturales, o al menos algo que se aproxima mucho a ello. El objetivo de los físicos es descifrar este código. Es una tarea fascinante, que lleva a la mente humana a caminar por un lugar que tiempo atrás se reservaba a seres divinos. Y aunque nos queda mucho por recorrer, nadie cuestionará que nos ha ido muy bien. El progreso humano, de la tecnología a la medicina, se basa en este éxito científico.

Para describir estas leyes debemos usar un lenguaje apropiado, uno que sea preciso, sin ambigüedades o dobles interpretaciones. El español, el inglés o cualquier otro idioma no lo son. La «lengua» más precisa que conocemos son las matemáticas y es la que utilizamos en ciencia. La experiencia nos ha mostrado que el lenguaje matemático funciona sorprendentemente bien para describir la naturaleza. Tan bien que cabe preguntarse incluso el porqué, pues al fin y al cabo las matemáticas son una invención nuestra y sería pretencioso pensar que esta ocurrencia humana es *exactamente* el lenguaje del cosmos. El ilustre físico Eugene Wigner, premio Nobel de Física en 1963, resumió con elegancia su visión sobre este asunto: «El milagro de lo apropiado que resulta el lenguaje de las matemáticas para la formulación de las leyes de la física es un maravilloso regalo que no comprendemos ni nos merecemos».

Así pues, con el permiso de los dioses del Olimpo, discutiremos en este capítulo las leyes fundamentales que rigen el cosmos a gran escala y una de las más bellas, elegantes e influyentes creaciones de la mente humana: la teoría de la relatividad general de Albert Einstein.

LA TEORÍA DE LA RELATIVIDAD GENERAL

En 1915, a la edad de 37 años, Einstein publicó una nueva teoría llamada a remover los cimientos más básicos de la ciencia: los conceptos de espacio y tiempo. Sí, la relatividad general es una teoría sobre el espacio y el tiempo, y también sobre la gravedad. Dicho esto, recomiendo que abramos la mente y nos preparemos para una transgresión, quizá algo incómoda al principio, de nuestras ideas más fundamentales. Tengamos también presente en todo momento que lo que describiremos aquí no es ciencia ficción y que los nuevos conceptos, por muy radicales y fantásticos que parezcan, han sido corroborados en multitud de experimentos.

La noción que todos tenemos sobre qué es el espacio y el tiempo la debemos a Isaac Newton. Según el calendario de la época, Newton nació en Inglaterra el 25 de diciembre de 1642 (4 de enero de 1643 de nuestro calendario). Esta fecha singular explica por qué muchos celebran cada 25 de diciembre el nacimiento del Mesías, pero no el anunciado por los evangelios, sino el de la ciencia, aquel que fue capaz de ver más allá que el resto de los mortales. Aunque al parecer no fue una persona amable o afectuosa sino más bien todo lo contrario, su obra científica publicada en 1687 con el título de *Principios matemáticos de la filosofía natural* sentó las bases de la física tal como hoy la conocemos, y es considerada por muchos como la obra de mayor impacto en la historia de la ciencia.

Nadie antes de Newton había definido con precisión los conceptos de espacio y tiempo. Así, mediante una serie de rigurosos axiomas, él estableció el significado de lo que hasta ese momento eran solo nociones difusas. Nótese que se trataba de definiciones y no demostraciones, y como tales no eran independientes de sus creencias personales.

Para Newton el espacio es tridimensional e infinito, y su papel era el de servir de contenedor a los fenómenos naturales. Es decir, el espacio sería la «habitación» en la que todo ocurre. El tiempo, por el contrario, es unidimensional. Esto significa que basta un solo número para describir sin ambigüedad cierto instante, mientras que hacen falta tres para localizar un lugar en el espacio. Además, el tiempo es para él absoluto, en el sentido de que transcurre al mismo ritmo para todos los objetos del universo, sea cual sea su posición y naturaleza. De modo que ambos, el espacio y el tiempo, son inmutables e inertes; no se alteran por nada ni por nadie, ni interaccionan con los cuerpos materiales. Proporcionan únicamente el escenario en el que la física se desarrolla.

Newton construyó sus otras teorías basadas en estas ideas. Las teorías newtonianas tuvieron un éxito arrollador, en particular las leyes de la mecánica, las cuales sentaron las bases científicas de una revolución industrial que cambió a la humanidad. Todo el conocimiento científico y tecnológico se asentó en estos conceptos. Tal es la influencia de las ideas de Newton que a día de hoy, trescientos años después y con Einstein de por medio, siguen implantándose en nuestro subconsciente por medio de la educación elemental. El lector mismo se estará dando cuenta de que sus nociones sobre qué es el espacio y el tiempo coinciden exactamente con las de Newton, aunque ni siquiera recuerda haberlas estudiado. Las ideas que son asumidas como verdades absolutas desde la educación más básica son de hecho las más difíciles de modificar, porque nuestra mente no contempla que se puedan cuestionar. Fue necesario esperar al nacimiento del genio de Einstein para romper con el dogma establecido acerca de la naturaleza absoluta e inerte del espacio y el tiempo.

Albert Einstein, siendo un joven de 25 años que trabajaba en la oficina de patentes de Berna, la capital de Suiza, escribió un primer artículo llamado a revolucionar las nociones de espacio y tiempo. Este trabajo, en el que formulaba su teoría de la relatividad especial, fue solo el principio. La revolución culminó diez años más tarde, en 1915, con la relatividad general, que incorporó el papel fundamental de la gravedad. La dificultad de esta tarea titánica se plasma bien en la respuesta que en 1913 le dio el famoso físico Max Planck, impulsor de la mecánica cuántica y premio Nobel de Física por ello, cuando el joven Einstein le habló de la intención que tenía de dedicar los siguientes años a explorar sus ideas sobre gravedad, espacio y tiempo: «Como amigo más experimentado, he de aconsejarte que no lo hagas porque, en primer lugar, no lo lograrás, e incluso si lo haces, nadie te creerá». Afortunadamente, Einstein fue tenaz en tal propósito e ignoró el consejo de su experimentado amigo. No solo logró el objetivo con éxito apenas dos años más tarde, sino que su teoría se ha convertido en un pilar fundamental de la ciencia moderna.

Aunque es evidente que es imposible exponer con precisión y detalle la teoría de Einstein en unas pocas páginas, sí lo es presentar su esencia, o al menos la parte de ella más relevante para el estudio del universo. El mensaje principal de la teoría de la relatividad general es que el espacio dista mucho de ser un mero contenedor inerte, inmutable a lo que ocurre en su interior, sino que, por el contrario, su «forma» depende de la materia que hay dentro de él. Puesto que crearse imágenes mentales en tres dimensiones en ocasiones es complejo, pongamos un ejemplo en dos dimensiones que nos ayude a formar una idea intuitiva. Imaginemos que somos pequeños seres que habitan la superficie bidimensional de una enorme cama elástica. Si ninguno de nosotros se encuentra encima de la cama, esta permanece completamente plana. Pero tan pronto como nos situamos sobre ella, esta se curva, aún más justo donde concentramos más masa. El espacio donde vivimos, la cama, no es inerte, pues no es ajeno a nuestra presencia. Para conocer su forma hay que especificar cuántos de nosotros estamos sobre ella y en qué posiciones nos encontramos. Además, si queremos describir la forma en que cierto objeto se mueve en ella es necesario tener en cuenta las deformaciones que ha sufrido debido a la presencia de otros cuerpos. La trayectoria que seguiría un pequeño objeto moviéndose sobre la cama no sería una línea recta si esta tiene «valles» generados por algún individuo pesado. La presencia de grandes masas haría que objetos ligeros se moviesen hacia ellas, no porque nadie los esté empujando, sino porque el espacio se ha deformado provocando que la tendencia natural sea rodar hacia los grandes valles.

Pues bien, si extrapolamos esta imagen a tres dimensiones nos podemos hacer una buena idea de lo que Einstein nos ha enseñado sobre el espacio. Vivimos en un espacio que no es indiferente a la presencia de objetos masivos (planetas, estrellas, galaxias, tú y yo), sino que se «curva» por la existencia de dichos objetos. La curvatura del espacio tridimensional es mucho más difícil de imaginar, pero la idea física, e incluso las matemáticas, son muy similares al ejemplo de la cama.

Para Einstein, la gravedad, por tanto, no es una fuerza que ejercen entre sí los cuerpos masivos, como defendía Newton. En la teoría de Einstein las masas como la Tierra curvan el espacio a su alrededor. Así, la Luna gira alrededor de la Tierra no por la acción de una fuerza, sino debido a que el espacio está curvado, de forma similar a lo que ocurre en el ejemplo de la cama elástica. Por tanto, en esta teoría *la gravedad se identifica con la curvatura del espacio*. A primera vista tanto la teoría de Newton como la de Einstein producen el mismo efecto: que la Luna gire alrededor de la Tierra. Pero si analizamos con atención la trayectoria de la Luna nos damos cuenta de que es diferente en ambos casos; además, las observaciones han corroborado de forma indiscutible que la visión de Einstein es la correcta.

Para resumir, los dos mensajes más importantes que aprendemos de Einstein es que, en primer lugar, el espacio no es meramente un escenario inerte e inmutable frente a lo que ocurre dentro de él; por el contrario, es dinámico, cam-

FIGURA 4. Ilustración de la curvatura del espacio producida por la Tierra, según la teoría de la relatividad general. Esta curvatura es la que provoca que la Luna gire a su alrededor. (NASA)

biante, pues su geometría está dictada por el contenido material. En las regiones vacías del universo la curvatura del espacio es muy pequeña, y lo contrario ocurre cerca de una gran estrella. En segundo lugar, la gravedad no es una fuerza, sino «la cantidad de curvatura» del espacio; esta curvatura hace que los cuerpos no sigan trayectorias rectas. Algo similar ocurre con el tiempo, pero esto es aún más difícil de imaginar. Tenemos, sin embargo, descripciones matemáticas precisas de cómo sucede y los resultados también han sido confirmados.

La esencia de esta teoría fue resumida por el físico John A. Wheeler en su famosa frase: «En relatividad general, la materia le dice al espacio-tiempo cómo curvarse, mientras que el espacio-tiempo le dice a la materia cómo moverse». El cambio de paradigma filosófico es radical: el espacio y el tiempo ya no son absolutos, meros espectadores de lo que ocurre en el universo. Por el contrario, su «forma» o geometría es una variable más en nuestras ecuaciones, y está interconectada con la materia en una especie de tango cósmico. Esta es la idea que encapsula la teoría de Einstein, que el físico Abhay Ashtekar resume muy bien:

> Antes de la relatividad general, el espacio y el tiempo se veían como un escenario inmutable en el que el drama de la física se desarrolla. Los actores son todo lo demás: estrellas, planetas, radiación, materia, tú y yo. En relatividad general el escenario mismo se une al grupo de actores. No hay lugar para espectadores en la danza cósmica.

Aprendí hace años que la regla más importante a la hora de escribir un libro de divulgación científica es no introducir ecuaciones. Por tanto, no tengo más remedio que pedir disculpas, pues no puedo resistirme a escribir aquí la ecuación que describe la teoría de la relatividad general de Einstein:

$$R_{\mu\nu} - \frac{1}{2} g_{\mu\nu} R = \frac{8\pi G}{c^4} T_{\mu\nu}$$

En mi favor diré que no la escribo porque tenga la intención de explicar cada uno de los símbolos que aparecen en ella, sino más bien por rendir homenaje a una de las creaciones más sublimes del intelecto humano. Este conjunto de símbolos, que apenas ocupan media línea, codifica en realidad diez ecuaciones, capaces de mostrarnos que el espacio y el tiempo no son tan simples como creíamos. Nos revelan con exactitud cómo se mueven los planetas en el sistema solar, cómo se propaga la luz en el universo, cómo se forman las galaxias; predicen la existencia y las propiedades de objetos propios de la ciencia ficción como los agujeros negros; nos explican qué son las ondas gravitatorias y cómo se generan en la colisión de dos agujeros negros y también por qué nuestro universo está en expansión. Todas estas predicciones han sido comprobadas con exquisita precisión. Más de cien años después de haber sido formulada, la creación de Einstein sigue sorprendiéndonos.

4

La cosmología a partir de Einstein

Recién publicada la teoría de la relatividad general, Einstein decidió emplear su nueva creación para entender nada más y nada menos que el universo en su totalidad. En 1917 publicó su primer trabajo sobre cosmología relativista. Einstein no inventó la cosmología en ese artículo, pero sí la convirtió en una disciplina por completo distinta. La nueva era se distingue principalmente porque el cosmos deja de identificarse solo con su contenido, los cuerpos materiales y la radiación, como había sido hasta ese momento. La «forma» o geometría del universo ha de ser tenida también en cuenta. Tan importante es el contenido como el contenedor mismo.

Para describir la geometría del universo Einstein necesitaba conocer la manera en que se distribuye la materia. Una suposición razonable es que cuando se observa a muy gran escala, el tejido cósmico que forma el universo es uniforme. Nuestras observaciones confirman esta suposición. Si se mira el cosmos de «cerca» (distancias menores que cien millones de años luz) este no es nada homogéneo, pues podemos distinguir los constituyentes del tejido cósmico: supercúmulos galácticos que forman filamentos y dejan grandes vacíos de por medio, galaxias, estrellas, planetas y cosmólogos. Pero desde un punto de vista más global, este tejido es tan uniforme como una sábana de seda cuidadosamente bordada. Esto quiere decir que si tomamos dos regiones extensas del cosmos al azar, estas son similares a grandes rasgos o, en otras palabras, no existen lugares especiales en el universo. La aseveración de que no existen lugares ni direcciones privilegiadas en el universo se conoce en cosmología como el principio cosmológico, y todas las observaciones realizadas hasta el momento corroboran su validez. Este principio va más allá incluso de las ideas de Copérnico y Galileo; estos defendieron que la Tierra no es el centro del universo, mientras que el principio cosmológico afirma que tal centro ni siquiera existe.

De modo que para describir el cosmos «simplemente» hemos de obtener la solución de las ecuaciones de la relatividad general que corresponden a un contenido de materia constituido por el tejido cósmico uniforme e isótropo. Dichas soluciones nos revelarán cuáles son las posibles «formas» o geometría del universo compatibles con este contenido de materia. Esto es precisamente lo que intentó hacer Einstein en su artículo de 1917. Lo que este desconocía en aquella época era la densidad de la materia en el universo. Es decir, aunque acertó en cómo está distribuida, no sabía cuánta materia hay, en promedio, por unidad de volumen. Lo más razonable para él hubiese sido obtener las soluciones de sus ecuaciones para cualquier valor de la densidad de materia, a la espera de que las observaciones revelasen algún día qué valor toma esta densidad y entonces saber cuál de las posibles soluciones es la que realmente describe nuestro universo. Como explicaremos más adelante, esta no fue la estrategia que siguió Einstein. Por contra, se centró en una única solución, aquella que se ajustaba bien a sus *prejuicios* sobre el universo. Para su desdicha, estos eran erróneos, y perdió la oportunidad de encontrar la solución correcta.

Todas las soluciones de las ecuaciones de la relatividad general compatibles con el principio cosmológico las obtuvieron y clasificaron de forma independiente el ruso Alexander Friedmann en 1922 y Georges Lemaître en 1927. Estas investigaciones revelaron que la geometría del universo ha de pertenecer necesariamente a una de las tres familias que se enumeran a continuación.

1. Universo de curvatura positiva

En un instante de tiempo dado, el universo tiene forma de *esfera tridimensional* (la generalización a tres dimensiones del concepto de esfera). Este universo es finito en extensión, pero carece de frontera. Una nave espacial que viaje durante un tiempo suficientemente largo, mucho más largo de lo que podemos imaginar, no encontraría ningún límite en el espacio y podría volver a su lugar de origen después de dar una vuelta completa al cosmos, de forma similar a como Willy Fox dio la vuelta a la Tierra sin toparse con el fin del mundo. Esta posibilidad ocurriría solo si la densidad del universo es lo bastante grande, *mayor* que un valor umbral que llamamos *densidad crítica*, y que vale 0,0000000000000000000000000 01 kg/m^3 (¡una coma seguida de veinticinco ceros!). La densidad crítica equivale a un promedio de diez átomos de hidrógeno cada metro cúbico. Esta es una densidad ridículamente pequeña si la comparamos con la del agua, que se aproxima a 1kg/m^3. Pero estamos hablando de la densidad *promedio* del universo, que es muy pequeña debido a la existencia de grandes espacios vacíos entre estrellas, galaxias y supercúmulos de galaxias.

El radio de un universo con curvatura positiva depende

de cuán grande sea la densidad de materia. A mayor densidad, menor es el radio. Esto se puede entender intuitivamente si pensamos que la gravedad es atractiva, y que esta atracción es la que hace que el universo se curve. Cuanta más materia, más atracción gravitatoria, mayor es la curvatura y, por tanto, menor es el radio.

2. Universo de curvatura cero

En un instante de tiempo dado, el universo tiene forma de espacio «plano tridimensional» (la generalización a tres dimensiones del concepto de plano). Este espacio tiene una extensión infinita, de forma que un Willy Fox cósmico perdería su apuesta. Esta posibilidad se daría si el universo tuviese *exactamente* la densidad crítica.

3. Universo de curvatura negativa

El universo tiene forma de paraboloide tridimensional. Esta geometría es la generalización a tres dimensiones de una silla de montar a caballo de tamaño infinito. Este espacio también tiene, por tanto, extensión infinita. Esta posibilidad para el universo requiere que la densidad de materia sea *menor* que la densidad crítica.

Vemos aquí las consecuencias de la teoría de la relatividad general en toda su esencia: la forma del universo es completamente diferente dependiendo de cuánta materia haya en él. Este hecho no tenía cabida en la ciencia antes de Einstein.

Cuál es la densidad del universo y, por tanto, cuál de las tres posibilidades anteriores es la correcta es algo que no podemos predecir y que tenemos que extraer de las observaciones. Como discutiremos en el capítulo 6, las observaciones actuales indican que la densidad del universo es ¡igual a la densidad crítica!, por lo que el universo parece tener curvatura cero y en consecuencia ser infinito. Sin embargo, cualquier medida experimental lleva siempre un margen de error asociado. Aunque estos errores son muy pequeños no son nulos, y no nos permiten afirmar con completa seguridad que el universo sea exactamente plano. Lo que sí nos permiten decir es que de no serlo, su curvatura (positiva o negativa) es muy pequeña. Dicho de otro modo, sabemos que el radio del cosmos es muchísimo mayor que la porción que hemos sido capaces de observar, y por tanto, a todos los efectos prácticos el universo es infinito. Por contra, a nivel filosófico es muy diferente tener un universo finito o infinito. No es posible, sin embargo, que las observaciones resuelvan jamás esta disyuntiva, pues no pueden distinguir un universo que es enormemente mayor que la porción que de él podemos ver de uno que es en verdad infinito.

Lo dicho hasta el momento concierne al universo en un instante de tiempo. ¿Qué nos dicen las ecuaciones de Einstein respecto a su evolución? Pues nos dicen algo sorprendente: un universo uniforme como el nuestro *no puede ser estático*. (Para ser más precisos, existe una solución estática, pero esta es inestable y se considera físicamente inaceptable. Discutiremos esta solución unas líneas más adelante.) Por otro lado, existen soluciones dinámicas de dos tipos, unas en las que el universo está en expansión y otras en las que está en contracción. Por poner un símil, lo mismo ocurre si calculamos la trayectoria de una piedra lanzada verticalmente desde un edificio, que puede ir hacia arriba o hacia abajo dependiendo de su velocidad inicial. Las observaciones de Hubble y Humason en 1929 nos revelaron que nuestro universo está en expansión. Si además es de curvatura positiva, esto significa que su radio aumenta en el tiempo, y las galaxias se alejan entre ellas como consecuencia de esta expansión. El tejido cósmico se está estirando. Si el universo tiene curvatura cero o negativa, y por tanto es infinito en extensión, las galaxias también se alejan unas de otras, pero ya no decimos que el tamaño global del universo aumenta, pues si aumentamos algo que es infinito el resultado sigue siendo infinito. Recordemos también, como discutimos en el capítulo 2, que no debemos imaginar esta expansión como el universo creciendo dentro de un «contenedor» de mayor tamaño. No existe tal contenedor; el universo no se expande dentro de nada. Admito de nuevo que esto es difícil de imaginar, y yo mismo tengo que ayudarme de las matemáticas para visualizarlo. Pero es lo que realmente ocurre.

EINSTEIN Y LA CONSTATE COSMOLÓGICA

Terminamos este capítulo con una anécdota histórica importante para el desarrollo de la cosmología. Como mencioné anteriormente, Einstein no siguió en su artículo de 1917 la estrategia que parece más razonable desde un punto de vista científico, la de caracterizar todas las posibles soluciones de su teoría. En lugar de ello, discutió una sola, aquella que estaba en consonancia con sus ideas sobre cómo ha de ser el universo. Influenciado por la ciencia y la filosofía de la época, creía firmemente que el universo debía ser estático, aunque las ecuaciones de la relatividad general le mostraban que es dinámico. Einstein creía en su teoría y muestra de ello es la conocida frase que dedicó a su colega y amigo, el brillante físico Arnold Sommerfeld, el 28 de noviembre de 1915, apenas unos días después de haber hecho pública su creación: «Sobre la teoría de la relatividad general, te vas a convencer en cuanto la estudies. Por tanto, no voy a defenderla con una sola palabra». Sin embargo, por alguna razón que nunca he logrado comprender, los prejuicios de Einstein sobre la naturaleza estática del universo fueron más fuertes que su fe en la relatividad general, y le condujeron a la inconcebible decisión de ¡modificar su teoría para que un universo estático se encontrase entre las posibles predicciones! La modificación necesaria era pequeña y «únicamente» requería añadir una nueva constante que hoy se conoce como la constante cosmológica. Einstein incluso manifestó su desagrado con esta modificación, llegando a decir que estaba «en grave detrimento de la belleza formal de la teoría». También afirmó: «Soy incapaz de creer que una cosa tan fea se realice en la naturaleza». Pero su deseo de que el universo no se expandiese o contrajese fue más fuerte, y terminó introduciendo la constante cosmológica.

La peculiaridad de la constante cosmológica es que produce un efecto gravitatorio de carácter *repulsivo*, y si su valor se elige con cuidado puede equilibrar exactamente el efecto de atracción de la gravedad generada por la materia, permitiendo que el universo sea estático. Además, cálculos detallados revelan que este equilibrio es posible solo si el universo tiene curvatura positiva. De modo que lo que hoy se conoce como el modelo de Einstein es un universo con curvatura positiva (finito, pero sin frontera) y estático.

Einstein cometió aquí un importante error debido a dos razones. La primera es que no apreció que su modelo de universo era altamente inestable. El valor de la constante cosmológica y el de la densidad de la materia han de ajustarse con exquisita precisión para que los efectos de la constante (repulsivos) compensen exactamente los efectos de la materia (atractivos). Cualquier diminuta variación haría que un efecto dominase sobre el otro y que el universo se expandiese o se contrajese. Su modelo requería, por tanto, de un equilibrio tan inestable como el de un lápiz que se sostiene en posición vertical sobre su afilada punta.

La segunda razón es que Einstein perdió la oportunidad de predecir la expansión del universo doce años antes de las observaciones de Hubble y Humason. Otros no la perdieron. Lemaître en particular fue un gran defensor del universo en expansión. Einstein atacó duramente a Lemaître y calificó de «abominables» sus ideas, aun cuando se derivaban de la relatividad general. Sin embargo, al final las observaciones mostraron que el universo se expande y que Lemaître estaba en lo cierto. Como el gran científico que fue, en 1931 Einstein terminó por aceptar públicamente que el universo se expande y que la introducción de la constante cosmológica fue injustificada. Su colega y también ganador del Premio Nobel Gueorgui Gámov aseguró que en presencia suya Einstein calificó la constante como el mayor error de su vida.

Es interesante remarcar dos importantes reflexiones que se extraen de esta historia. En primer lugar, es un bello ejemplo de cómo funciona la ciencia. Como enfaticé en el prefacio, el objetivo de la cosmología es describir el universo tal y como es, y nuestras creencias o gustos personales son irrelevantes en esa tarea. Aunque Einstein tenía fuertes prejuicios sobre el cosmos, terminó aceptando que el universo es diferente a lo que él anticipaba o deseaba. En segundo lugar, muestra la profunda influencia que las ideas preconcebidas ejercen en nosotros. La mayoría de los prejuicios nos pasan inadvertidos y no están basados en la razón. Esto los convierte en los grandes enemigos del progreso científico. La historia está repleta de momentos en los que fue necesario el nacimiento de una mente genial como la de Newton o de Einstein para romper con los dogmas establecidos y abrir una ventana en un muro que nadie siquiera había notado que existía, permitiendo así a la humanidad ver más allá de lo que antes había hecho. Me es difícil entender cómo Einstein fue capaz de tumbar las creencias profundamente arraigadas sobre la naturaleza del espacio y el tiempo, de entender y convencer al resto de la humanidad de algo tan complejo como que el universo puede estar curvado, ser finito y sin fronteras, pero fue sin embargo incapaz de aceptar de primeras que el cosmos es dinámico y cambiante, aun cuando era una consecuencia directa de sus propias ideas.

La anécdota de Einstein y la expansión del universo tienen un final inesperado, que muestra los caprichos de la historia. En la década de 1930 los principales cerebros en cosmología aceptaron que el universo estaba en expansión. Después de que Einstein reconociera que sus argumentos para introducir la constante cosmológica eran incorrectos, esta fue parcialmente olvidada y acabaría siendo considerada por muchos como una anécdota que debía pasar a la historia. En ausencia del efecto repulsivo que esta constante produce, solo nos queda el efecto gravitatorio de atracción que produce la materia. Esto nos lleva a concluir que la expansión del universo ha de ser necesariamente *desacelerada*, es decir, que el ritmo de expansión ha de disminuir con el transcurso del tiempo, de forma similar a como lo hace la velocidad de una piedra que se lanza verticalmente hacia arriba desde la superficie de la Tierra. Esta desaceleración podría provocar que el ritmo de expansión cósmica se hiciese nulo en algún momento futuro, deteniéndose de forma instantánea para dar lugar a una época de contracción. Cálculos precisos indican que esto puede ocurrir solo si el universo tiene curvatura positiva. Sin embargo, como detallaremos cuando hablemos de observaciones en el capítulo 6, en 1998 dos grupos de investigación publicaron de forma independiente observaciones de objetos lejanos en el universo (explosiones de supernova), que confirman de manera inequívoca que la expansión del universo no es desacelerada, sino lo contrario: ¡es acelerada! Esta observación produjo una gran conmoción en la comunidad de cosmólogos, pues indica que la constante cosmológica introducida por Einstein ¡realmente existe! Y digo que «indica» porque la observación no permite descartar que algún otro tipo de materia exótica que desconocemos sea la causa de la aceleración. Para no cerrar ninguna posibilidad, los cosmólogos se refieren a esta hipotética sustancia que tiene efectos gravitatorios repulsivos como *energía oscura*.

Si la energía oscura es simplemente la constante cosmológica de Einstein, lo cual es de hecho la explicación más sencilla, podría parecer que el cosmos termina por darle la razón y lo exculpa de su error. Pero no es así, pues la propuesta de Einstein fue realmente la existencia de un delicado equilibrio entre la materia ordinaria y la constante cosmológica que provocase que el universo fuese estático. El universo, por el contrario, se expande. La constante cosmológica parece existir, aunque su papel es por completo diferente del que Einstein imaginó. Su existencia implica que el universo se expande a un ritmo mayor cada día y si sus efectos persisten, ¡el cosmos se expandirá por siempre! En el capítulo 6 discutiremos el futuro del universo con más detalle.

5

La teoría del Big Bang caliente
y sus predicciones

En el capítulo anterior describimos la forma o geometría del universo y su evolución en el tiempo tal y como predice la teoría de la relatividad general de Einstein. Pero la geometría es solo un aspecto del cosmos; necesitamos también entender cómo se comportan la materia y la radiación contenidas en este universo en expansión. Solo cuando se combinaron la relatividad general con el progreso en física atómica, nuclear y de las partículas elementales, se alcanzó una imagen completa de la historia del universo. En este capítulo resumimos los aspectos más importantes de la teoría resultante, que se conoce como el modelo del Big Bang caliente por razones que en breve serán obvias. Comenzaremos con una visión rápida partiendo del presente y viajando atrás en el tiempo, la cual complementaremos a continuación con una descripción más detallada, esta vez empezando en el pasado y avanzando hasta la época actual.

Un primer vistazo hacia el pasado

La expansión cosmológica implica que el universo será más diluido en el futuro. El tejido cósmico se está estirando, convirtiendo al cosmos en un lugar menos denso y más frío. Esto obviamente nos dice que el pasado debió ser más compacto. El tejido cósmico era más tupido, y tanto más a medida que retrocedamos en el tiempo. Si extrapolamos esta idea, concluimos que debió de existir un instante en el pasado lejano en que la materia que forma hoy las galaxias debió estar «aglomerada»; un tiempo en que el tejido cósmico aún no existía, sino que la materia estaba distribuida de forma continua, en una especie de densa sopa constituida por átomos y radiación. El universo debió de estar también mucho más caliente que en el presente.

¿CÓMO SE MIDE LA TEMPERATURA DEL UNIVERSO?

Esta viene determinada por la radiación que lo llena. Con radiación me refiero aquí no solo a luz ordinaria, sino a otras ondas del espectro eletromagnético que no son visibles, y que se diferencian de la luz en su longitud de onda, como la radiación ultravioleta, la radiación infrarroja, las microondas, las ondas de radio, etcétera. No es difícil entender que la radiación que emite un cuerpo está relacionada con su temperatura. Por ejemplo, un trozo de hierro a temperatura ambiente radia en el infrarrojo (que no apreciamos con nuestros ojos). Pero si aumentamos su temperatura, la luz que desprende se hace visible, y va cambiando de color desde el rojo hasta el azul, llegando incluso al ultravioleta (que tampoco vemos) si lo calentamos lo suficiente. El mismo principio permite hablar de la temperatura del cosmos mediante la radiación que hay en él. Hoy se ha logrado medir la temperatura del universo con gran precisión, y es realmente baja, de –270,4 grados Celsius. De modo que si pretendes viajar al espacio intergaláctico mejor abrígate.

Si continuamos viajando atrás en el tiempo, el universo sigue haciéndose más denso y caliente, y llegará un momento en que la temperatura era tan alta (por encima de los 3.500 grados Celsius) que los átomos de materia no podían permanecer como los conocemos y estaban «rotos». Es decir, sus constituyentes, los electrones y el núcleo atómico, estaban separados. El universo entonces estaba formado por una sopa de electrones, núcleos atómicos y radiación. El cosmos en esas condiciones era también lo bastante denso para que la luz no pudiese propagarse libremente de un lugar a otro. Es decir, era opaco.

Si seguimos viajando aún más en el pasado, encontramos un momento cuando la temperatura del universo estuvo por encima de los 100 millones de grados Celsius. En esas condiciones los componentes de los núcleos atómicos (protones y neutrones) no podían permanecer unidos. Es decir, los protones y neutrones no estaban entonces ligados formando núcleos, sino que se propagaban libremente. Pero protones y neutrones están a su vez formados por partículas más elementales, que llamamos quarks. Existen seis tipos diferentes de quarks, llamados up, down, strange, charm, top y bottom, y tanto el protón como el neutrón son combinaciones de tres de ellos, aunque de tipos diferentes. Si vamos aún más atrás en el tiempo, la distancia media entre las partículas disminuye y el cosmos estaba formado por una sopa extremadamente densa y caliente, hecha de los constituyentes más elementales que conocemos: electrones, quarks y radiación (la radiación también puede ser vista como compuesta por partículas sin masa, que llamamos fotones).

Si continuamos extrapolando, llegaremos a la conclusión de que la expansión cósmica se originó hace aproximadamente 13.800 millones de años. Ese fue un «instante» en el que el universo era extraordinariamente caliente y denso, compuesto por las partículas más elementales, que comenzó a expandirse y a enfriarse. Ese instante se conoce como el Big Bang (o gran explosión), y se hace referencia a él como *el origen del universo*. En los siguientes capítulos veremos que esto no es del todo cierto, aunque argumentar por qué nos demandará entender mejor qué es el Big Bang. Antes quiero advertir que el nombre puede dar la impresión equivocada de que hablamos de una explosión que ocurrió en un lugar del universo y de la cual surgió todo. No es así. Por el contrario, se refiere al instante de tiempo en el que la materia y la radiación aparecieron en el cosmos, pero no en un lugar determinado sino en todo el universo simultáneamente.

La teoría del Big Bang caliente

Comenzamos ahora el viaje de vuelta a lo largo de la historia del cosmos, tomando como punto de partida el Big Bang caliente y terminando en el presente. En este trayecto describiremos cómo el universo ha evolucionado hacia temperaturas más bajas y densidades menores, y discutiremos con más detalle las diferentes etapas.

1. *Era de las partículas elementales*

Esta etapa comienza justo después del Big Bang, con una temperatura extremadamente alta, de unos diez mil cuatrillones de grados Celsius (¡un uno seguido de veintiocho ceros!). El universo observado, es decir, la porción del cosmos que hemos sido capaces de explorar con nuestros telescopios y que hoy tiene un diámetro de unos 93.000 millones de años luz, en aquel instante tenía un tamaño de aproximadamente ¡medio metro! Este periodo acabó cuando el universo redujo su temperatura por debajo de los mil billones de grados Celsius, y aumentó su tamaño en un factor de diez billones. Esta enorme expansión ocurrió, sin embargo, en un periodo muy breve, ¡de apenas 0,00000000001 segundos!, lo que demuestra que el cosmos se expandió de forma muy violenta en sus primeras etapas. Durante esa fase el universo estaba compuesto por partículas elementales (quarks, electrones, fotones, etcétera). Por otro lado, nuestro conocimiento sobre física de partículas ha confirmado que por cada partícula elemental existe su correspondiente *antipartícula*.

¿QUÉ ES LA ANTIMATERIA?

De la misma forma que la materia ordinaria está formada por partículas elementales (quarks, protones, neutrones, electrones, etcétera), la antimateria lo está por antipartículas elementales. La palabra «antipartícula» suena a ciencia ficción, pero es algo muy real, hasta el punto de que hoy las podemos generar con facilidad en el laboratorio. Dada una partícula elemental, su antipartícula es simplemente otra partícula elemental con idénticas características, excepto porque su carga eléctrica es la contraria. Nada más y nada menos. Por ejemplo, a la antipartícula del electrón se le conoce como positrón, que se descubrió en 1932. La del protón es el antiprotón, con carga eléctrica negativa.

¿Qué pasa cuando una partícula se encuentra con su antipartícula? Que estas se *aniquilan* convirtiéndose en radiación. El proceso inverso también ocurre: si tenemos radiación lo suficientemente energética, esta puede crear pares de partícula-antipartícula.

De la misma forma que un protón y un electrón se unen para formar un átomo de hidrógeno, un antiprotón y un positrón pueden formar un antihidrógeno. Añadiendo muchos antiprotones, antineutrones y positrones podemos llegar a formar átomos más complejos de antimateria, y si tuviésemos suficientes podríamos imaginar crear incluso un anti-Einstein.

Que no estemos familiarizados con la antimateria se debe a que es extremadamente escasa en el universo y no la encontramos en nuestra vida cotidiana. La materia es mucho más abundante. La razón de que exista más materia que antimateria en el universo se conoce como *asimetría materia-antimateria*, y es todavía un tema abierto de investigación. Las teorías actuales indican que se debe a un proceso sutil que ocurrió en las etapas más tempranas del universo y que los físicos aún no han entendido por completo.

De modo que la razón por la que llamamos materia a los electrones, protones, neutrones, etcétera, y antimateria al positrón, antiprotón, antineutrón, etcétera, es simplemente porque las partículas del primer tipo son mucho más abundantes en el cosmos. De haber sido al contrario hubiésemos intercambiado los nombres. El universo no sería muy diferente del que vemos ahora. Los núcleos atómicos tendrían carga eléctrica negativa; pero esto no cambiaría la química ni, por tanto, lo que vemos a nuestro alrededor, pues lo único relevante es que el núcleo tenga carga contraria a los electrones.

Durante esta primera etapa las partículas encontraban antipartículas con relativa frecuencia debido a la enorme densidad del cosmos, aniquilándose entre sí y produciendo radiación. El proceso inverso en el que la radiación producía pares partícula-antipartícula era igual de frecuente, haciendo que el universo estuviese en un estado global de equilibrio.

2. Etapa de la génesis de protones y neutrones

La expansión del universo hizo que la radiación perdiese energía y se enfriase. Esta etapa se caracteriza porque la energía de la radiación ya no era suficiente para crear pares quark-antiquark, particularmente los más pesados. Por tanto, el proceso de creación y aniquilación quark-antiquark se desequilibró, predominó la aniquilación y el número de quarks disminuyó drásticamente en el universo.

Podría haber ocurrido que este proceso de aniquilación hubiese sido tan efectivo que el número de quarks finales fuese insuficiente para crear la materia que observamos. Pero por fortuna no fue así. Ocurrió un proceso físico en el universo temprano, en el propio Big Bang caliente donde las partículas elementales se originaron, que provocó que no se crease exactamente la misma cantidad de partículas que de antipartículas. La diferencia fue en verdad minúscula, del orden de tres partículas extra cada mil millones de pares partícula-antipartícula. Aunque no entendemos del todo cómo, sabemos que esta asimetría ocurrió y que fue esencial para que estés leyendo esta página, pues hizo posible que a pesar de la aniquilación masiva de quarks con antiquarks, tres quarks afortunados entre cada mil millones sobreviviesen a la masacre. De manera que al final de esta fase la materia en el universo estaba compuesta por esos quarks y prácticamente no quedaban antiquarks. El universo continuó expandiéndose y enfriándose, e instantes más tarde los quarks que habían sobrevivido empezaron a unirse para formar protones y neutrones.

Los electrones y positrones sufrieron un proceso de asimetría materia-antimateria similar al de los quarks, que de la misma manera provocó que solo unos cuantos electrones afortunados sobreviviesen, sin dejar apenas rastro de los positrones.

Este periodo terminó cuando la temperatura del universo había descendido hasta diez mil millones de grados Celsius. Habían transcurrido 0,2 segundos desde el Big Bang. El universo era unas cien millones de veces más denso que el agua y diez mil millones de veces más pequeño que en la actualidad.

3. *Nucleosíntesis primordial*

El nombre que recibe esta etapa se debe a que en ella se gestaron los núcleos atómicos ligeros que componen el universo. Si recordamos la tabla periódica, el núcleo estable más ligero es el de hidrógeno, hecho de un único protón; le sigue el deuterio, también llamado hidrógeno pesado, hecho de un protón y un neutrón; el helio tiene dos protones y dos neutrones, aunque también existe una «versión» con un neutrón menos, que llamamos helio-3; le sigue el litio con tres protones y tres neutrones; el berilio con cuatro de cada, etcétera. Cuando observamos el universo vemos que está compuesto mayoritariamente por hidrógeno, pero también encontramos pequeñas cantidades de helio, deuterio y otros elementos más pesados. ¿De dónde vienen todos ellos? Una idea fascinante es que se «cocinaron» en el universo temprano, durante los primeros minutos de la expansión cósmica. Este proceso se llama nucleosíntesis primordial, y la idea es la siguiente.

Los protones y neutrones recién formados en el universo

al final de la etapa anterior tenían tendencia a unirse y conformar núcleos atómicos. Esto no era sencillo por dos razones: primero, la densidad del universo había disminuido y seguía haciéndolo mientras se expandía, de modo que era improbable que un gran número de protones y neutrones se encontrasen en el mismo lugar para formar núcleos complejos; segundo, en ese momento la radiación era tan energética que era capaz de «romper» cualquier núcleo atómico que consiguiese formarse. Pero era cuestión de tiempo para que la expansión enfriase lo suficiente a la radiación y esta perdiese su poder de destrucción de núcleos. Por otro lado, si el universo se expande demasiado la probabilidad de que protones y neutrones se encuentren se reduce considerablemente. Teniendo en cuenta estos dos efectos se llega a la conclusión de que existió un periodo breve de tiempo, del orden de poco más de un minuto, en el que el universo tuvo las condiciones óptimas para formar núcleos atómicos. Lamentablemente, ese instante fue tan breve que la mayor parte de los protones quedaron sin «aparearse» y solo se lograron formar unos pocos núcleos sencillos. Esto implica que la gran mayoría de los núcleos atómicos en el cosmos deben ser de hidrógeno. Casi el 8 por ciento de los núcleos creados son de helio, resultando en una cantidad que, aunque bastante menor que la de hidrógeno, no es despreciable. Le sigue el deuterio, que se creó en muchísima menos cantidad, y finalmente pequeñísimas trazas de berilio y litio. Los cálculos muestran que no fue posible generar elementos más pesados. En particular, los elementos de los que estamos formados nosotros mismos (mayoritariamente carbono, oxígeno y nitrógeno) no se crearon en el universo temprano. Veremos en breve que se gestaron en un lugar incluso más exótico: ¡en el centro de las primeras estrellas!

Nos encontramos aquí la primera predicción del modelo del Big Bang caliente. Si esta teoría es cierta, antes de ser procesada por estrellas la materia ha de tener la composición antes indicada. De forma más precisa, los cálculos revelan que el 92 por ciento de los núcleos creados fueron de hidrógeno, casi el 8 por ciento de helio, se formaron unos 2,5 núcleos de deuterio y uno de helio-3 por cada cien mil de hidrógeno, y cinco núcleos de litio por cada diez mil millones de núcleos de hidrógeno. Más tarde, el berilio creado se habría convertido espontáneamente en litio. Si somos capaces de observar la materia en el universo en regiones alejadas de galaxias, para evitar así posibles contaminaciones, podremos poner a prueba esta predicción.

3. *Creación del fondo cósmico de microondas*

Pasados diez minutos desde el Big Bang, la nucleosíntesis primordial se había completado, y el universo estaba compuesto por núcleos atómicos ligeros, electrones y una gran cantidad de radiación. El universo tenía una temperatura de unos cien millones de grados Celsius y su tamaño era cien millones de veces menor que el actual. La tendencia de los electrones (con carga eléctrica negativa) era unirse a los núcleos (de carga positiva) para formar átomos neutros. Pero de nuevo la radiación lo impedía. El universo se encontraba en un estado de equilibrio en el que los núcleos capturaban electrones, pero instantáneamente la radiación «chocaba» con ellos para romper el átomo recién formado. Además, estas interacciones hacían que el universo fuese opaco, pues impedían que la radiación recorriese grandes distancias sin colisionar.

El cosmos permaneció en ese estado de equilibrio durante un largo periodo. Pero la expansión cósmica seguía enfriando lentamente a la radiación, hasta que llegó el instante en que esta ya no era capaz de evitar la formación de átomos. Tal momento tardó en llegar nada menos que 380.000 años, cuando el universo era ya «solo» mil cien veces más pequeño que hoy y su temperatura había descendido hasta unos 3.300 grados Celsius. En esa época los átomos consiguieron formarse por fin, y la radiación que llenaba el cosmos, muy débil ya, no pudo evitarlo. Este proceso se conoce como *recombinación* por razones históricas, aunque debería llamarse simplemente «combinación», pues electrones y núcleos nunca antes habían estado juntos. La recombinación tiene una consecuencia importante. La materia, hecha ya de átomos eléctricamente neutros, en aquel momento se volvió *transparente a la radiación*. Es el primer instante en la historia del cosmos en que la radiación se separa de la materia y es capaz de viajar libremente. Este hecho se puede imaginar como el momento en que una generación entera de jóvenes con espíritu aventurero logra por fin independizarse de sus padres después de largo tiempo sin que pudieran salir de su ciudad, y deciden viajar para repartirse a lo largo y ancho del planeta, cada uno comenzando su aventura en su país natal. De forma semejante, la radiación del cosmos se «independizó» de la materia, y comenzó a viajar por el universo en todas direcciones.

Si nos paramos a pensar, este es un hecho fantástico, pues implica que en el momento actual parte de esa radiación ha de estar llegando hasta nosotros. Es como si diez años después de la emancipación de esa generación de jóvenes aventureros caemos en la cuenta de que unos cuantos de ellos deben estar hoy mismo visitando nuestra ciudad. Podemos entonces ir a buscarlos y comprobar si nuestra teoría de la emancipación mundial es correcta. No sería difícil encontrarlos, pues sabemos que ahora deben tener veintiocho años (diez más de la mayoría de edad), han de llegar desde todas direcciones y tener pinta de viajeros. De la misma forma, si somos capaces de detectar un fondo de radiación que nos llega desde todas direcciones, podremos poner a prueba la teoría del Big Bang caliente. Los cálculos nos dicen que la radiación que empezó a viajar libremente cuando el universo era mil cien veces más pequeño que en la actualidad ha de llegar hoy a nosotros con una temperatura de unos -270 grados Celsius. Esto corresponde principalmente a la radiación de microondas (el mismo tipo que genera tu electrodoméstico para calentarte el café por la mañana). Por esta razón, esta radiación se conoce como el fondo cósmico de microondas.

Así pues, tenemos aquí la segunda gran predicción: si la teoría del Big Bang caliente es cierta, hemos de estar inmersos en un fondo de radiación de microondas que nos llega desde todas direcciones con la misma intensidad.

3. *Las primeras estrellas y el universo actual*

Después de la recombinación, el cosmos estaba hecho de átomos y radiación que llenaban el espacio de manera uniforme, de modo que toda región del cosmos era similar a cualquier otra. El universo continuaba expandiéndose, disminuyendo su densidad y enfriando aún más a la radiación. A decir verdad, la etapa que siguió a la recombinación fue un verdadero aburrimiento. No ocurrió nada interesante en el universo hasta pasados ¡varios cientos de millones de años! Es decir, el universo tuvo que multiplicar casi por mil su edad para que algo importante volviese a pasar. Durante todo ese tiempo la temperatura de la radiación cósmica estaba ya muy por debajo de lo que corresponde a la luz visible, de forma que el universo era completamente oscuro. No había estrellas ni galaxias, coches ni ciudades, solo una sopa de átomos y radiación invisible al ojo humano llenando el universo de un modo uniforme. La mayoría de cosmólogos son más políticamente correctos que yo, y en lugar de llamar a esta etapa el «aburrimiento cósmico», se refieren a ella como la Edad Oscura, lo que me hace recordar las aventuras del Señor de los Anillos en Mordor.

Si el universo hubiese sido *exactamente* uniforme, con la misma cantidad de materia y radiación en todos y cada uno de sus puntos, puede que nunca jamás hubiese ocurrido nada interesante. Pero para nuestra fortuna, esto no fue así. El universo era muy uniforme, pero no exactamente. Existían algunas zonas donde había un poco más de materia que en otras, apenas una parte en cien mil. Una diferencia casi despreciable y en apariencia irrelevante, pero que terminó desempeñando un papel decisivo. La materia hecha de átomos que llenaba el cosmos era eléctricamente neutra y, por tanto, no había fuerzas eléctricas. La única fuerza relevante en aquel momento era la gravedad. Esta tiene carácter atractivo, y es más intensa cuanto mayor es la masa del cuerpo que la genera. Esto provocó que las partes del universo que eran algo más densas comenzasen a atraer materia de su alrededor, que perdían las regiones que lo eran menos. Como las diferencias en densidades eran muy pequeñas, este proceso fue muy lento. Pero el cosmos disponía de la eternidad, y después de un centenar de millones de años algunas regiones habían acumulado una cantidad suficiente de materia para acelerar este proceso. Esas regiones comenzaron a calentarse debido a la gran cantidad de materia que acumulaban, llegando a alcanzar densidades y temperaturas muy elevadas, a expensas de otras zonas que perdieron prácticamente toda su materia. El universo dejó de ser homogéneo, y cierta estructura comenzó a aparecer en él debido al efecto paciente y constante de la gravedad, formando algo que se iba asemejando al tejido cósmico actual. Al final, las zonas más densas alcanzaron tal densidad y temperatura que rompieron los átomos de la materia situados en ellas, y comenzaron a *fusionar* los núcleos atómicos. Los centros de las regiones más densas se convirtieron así en reactores de fusión nuclear, que unían núcleos de hidrógeno y helio a base de aplastarlos unos contra otros por efecto de la gravedad, y los transformaban en núcleos más pesados (carbono, oxígeno, silicio, etcétera) liberando a su vez enormes cantidades de energía. Estos centros espontáneos de fusión nuclear es lo que hoy llamamos *estrellas*. Así, después de varios cientos de millones de años de oscuridad, aparecen en el universo las primeras estrellas, que iluminan el cosmos y ponen fin a la Edad Oscura.

Las primeras estrellas desempeñaron un papel importante en la subsiguiente evolución cósmica. Eran grandes, cientos o miles de veces más pesadas que el Sol, lo que hacía que la temperatura en su centro fuera muy alta, y provocaba rápidas reacciones nucleares. Esto, a su vez, hizo que su vida fuera relativamente corta, de unos cientos de millones de años, lo cual resulta insignificante comparado con los diez mil millones de años que una estrella como el Sol tarda en «quemar» todo su combustible. Las primeras estrellas gigantes tenían también finales apoteósicos, en forma de enormes explosiones que llamamos supernovas, una especie de fuegos artificiales cósmicos que ponía fin a su vida. Dichas explosiones fueron de capital importancia, pues sirvieron para esparcir por el universo los elementos pesados que se habían creado en las fusiones nucleares en el centro de las estrellas. Como consecuencia, el espacio interestelar se llenó de polvo formado por núcleos atómicos complejos.

Con el transcurso del tiempo se empezaron a formar las primeras galaxias en las zonas donde residían estas estrellas. Fue un proceso lento, que incluso llega hasta hoy, 13.800 millones de años después del Big Bang. El tejido cósmico que observamos es precisamente el resultado de este lento proceso en el que la materia se va acumulando debido a la gravedad para formar estrellas, galaxias, cúmulos y supercúmulos galácticos. La segunda y tercera generación de estrellas fue apareciendo en las galaxias, y se diferenciaban de las de primera generación no solo porque en promedio eran más pequeñas, sino sobre todo porque tenían a su disposición el polvo dejado allí por estas. El polvo quedó orbitando alrededor de las nuevas estrellas y finalmente, de nuevo por efecto de la gravedad, se fue agregando para forma rocas y planetas. El Sol es una de esas estrellas y, por tanto, los átomos pesados de los que está hecha la Tierra y el resto de planetas del sistema solar, así como los de nuestro cuerpo, fueron realmente gestados dentro de la primera generación de estrellas que explotaron en esta región del universo antes de que el Sol naciese. Y así llegamos a la conclusión de que estamos hechos de átomos cuyos núcleos se crearon en el universo temprano apenas unos minutos después del Big Bang, que fueron convertidos en elementos más complejos dentro de las primeras estrellas, y esparcidos al cosmos mediante explosiones de supernova y otros cataclismos cósmicos. Esta historia, doblemente bella por ser a la vez romántica y científica, fue plasmada en la mítica frase atribuida al gran astrofísico y divulgador Carl Sagan: «Somos polvo de estrellas».

6

Observaciones y la confirmación
de la teoría

La cosmología se ha convertido en una ciencia con todos sus atributos y, como tal, la teoría del Big Bang caliente ha de ser confirmada o refutada por las observaciones, como hacemos en otras áreas de la física. La cosmología es, sin embargo, un tanto particular en este aspecto. Si queremos comprobar, por ejemplo, la teoría de transmisión del calor en sólidos, podemos preparar diferentes materiales, modificar su forma, variar su temperatura y realizar tantas mediciones como queramos. Podemos repetir los experimentos cuantas veces sea necesario y cambiar las condiciones iniciales a nuestro antojo para poner así la teoría a prueba de forma exhaustiva. Obviamente, algo similar es imposible en cosmología. No podemos generar universos en nuestro laboratorio y ver cómo evolucionan en función de la forma inicial que les demos. El universo es el que es y no está a nuestro alcance cambiarlo o manipularlo. Por eso en cosmología no hacemos experimentos, sino simplemente observaciones. Existen dos dificultades adicionales: por un lado, nos encontramos *dentro* del universo y no podemos, por tanto, verlo desde afuera; por otro, no podemos viajar por él para observarlo desde diferentes perspectivas porque es demasiado grande. Nuestra tarea es similar a quien pretende entender la forma y estructura de un gran edifico sin moverse de un sillón situado en la habitación de invitados en el apartamento noveno de la tercera planta. Hemos de pensar cuidadosamente qué tipo de observaciones nos pueden dar información útil.

El último medio siglo ha traído una verdadera revolución a nivel observacional en astrofísica y cosmología como consecuencia de los avances tecnológicos. Estos nos han permitido no solo crear mejores y más grandes telescopios, sino también sofisticados sensores y detectores, y nos han dado la capacidad de enviarlos fuera de la Tierra para observar así el cosmos sin las injerencias de la atmósfera terrestre. Como resultado, ahora disponemos de una ingente cantidad de datos que nos permiten comprobar aspectos sutiles de nuestra teoría, compensando parcialmente la dificultad intrínseca que ofrece el carácter especial de esta disciplina. Hoy nos encontramos en lo que se ha bautizado como «era de la cosmología de precisión». Aunque es imposible resumir aquí con completitud toda la información que hemos acumulado sobre el universo, sí podemos mencionar aquellas observaciones que han sido clave para validar la teoría del Big Bang caliente y conseguir que se impusiera sobre sus competidores.

LA RECESIÓN DE LAS GALAXIAS LEJANAS

Observamos que las galaxias que se encuentran a más de diez millones de años luz de distancia parecen alejarse de nosotros con una velocidad aparente que es mayor cuanto más alejadas estén. Como discutimos con cierto detalle en el capítulo 2, este es el efecto de la expansión cósmica. Recordad que las galaxias no se mueven a través del espacio, sino que acompañan al espacio en su expansión. La recesión de las galaxias lejanas ha sido medida y remedida con gran precisión desde los tiempos de Hubble y Humason, tanto desde la Tierra como con satélites.

A distancias más cercanas, la atracción gravitatoria de nuestra galaxia es lo suficientemente intensa para vencer el efecto de la expansión cósmica. Por eso estas no muestran el movimiento de recesión (por ejemplo, la galaxia Andrómeda se acerca a nosotros).

ABUNDANCIA DE ELEMENTOS LIGEROS

La comprobación de la predicción que hace la teoría del Big Bang sobre la abundancia relativa de elementos ligeros no es sencilla, pues, como ya mencionamos, las estrellas contienen reactores nucleares naturales en su centro que transforman unos elementos en otros y, en muchas ocasiones, esparcen el resultado de esta transmutación al espacio exterior, contaminando así el material en su forma original, tal y como se formó en los primeros diez minutos después del Big Bang. Es necesario, por tanto, observar materia que ha permanecido alejada de regiones donde ha tenido lugar formación estelar durante los últimos casi catorce mil millones de años. Aunque esto no parece sencillo, el universo es vasto, tanto como para que fuese una cuestión de tiempo hasta que los pacientes astrónomos consiguiesen observar material en su forma original. El acuerdo entre observaciones y las predicciones de la nucleosíntesis primordial de la teoría del Big Bang es simplemente asombroso. Las abundancias de helio ordinario, helio-3 y deuterio están en perfecto y completo acuerdo con los cálculos de la teoría. Solo los datos correspondientes a la abundancia de litio se desvían de las observaciones de forma apreciable:

se observa un tercio menos de lo que los cálculos predicen. Este problema, sin embargo, no se atribuye al modelo del Big Bang en sí mismo, sino a nuestro desconocimiento de las propiedades nucleares del litio, las cuales es necesario conocer con precisión para calcular cuánto se creó en el universo primordial.

El acuerdo entre la predicción que hace la teoría del Big Bang acerca de cuántos núcleos ligeros se sintetizaron en el universo hace casi catorce mil millones de años y las observaciones que realizamos en el presente constituyen un éxito sobresaliente no solo de esta teoría, sino del intelecto humano en general.

OBJETOS LEJANOS

La luz se propaga en el universo a la velocidad de trescientos mil kilómetros por segundo. Es una velocidad muy alta, pero no infinita. Esto quiere decir que la transmisión de la luz no es instantánea, sino que existe cierto «retraso» entre el instante en que es emitida y cuando es recibida. Para nuestra vida cotidiana ese retraso es completamente despreciable, debido a que las distancias involucradas en nuestra vida terrícola son demasiado pequeñas (sí experimentamos el retraso en la propagación del sonido, como todos hemos experimentado en una noche de tormenta al ver un relámpago varios segundos antes de escuchar el estallido del trueno). Pero cuando hablamos de distancias mayores, este retraso es más evidente e importante. Por ejemplo, la luz del Sol tarda casi ocho minutos en llegar a la Tierra. Esto quiere decir que si miras al Sol, cosa poco recomendable si no usas protección adecuada, no estarás observando al astro rey en ese instante, sino cómo era hace

ocho minutos, cuando emitió la luz. Tan así es que, si por en-
fado de los dioses el Sol desapareciese, no nos daríamos cuenta hasta pasados ocho minutos. De forma que cuando observamos objetos lejanos estamos, literalmente, mirando al pasado.

Mientras que para el Sol hablamos de solo ocho minutos,
si observamos Próxima Centauri la veremos cómo era hace
4,3 años. Objetos más lejanos en nuestra galaxia se muestran
como eran hace decenas de miles de años. Es probable incluso que muchas de las estrellas que observamos en una noche
clara ya no existan, porque su vida como astro brillante haya
acabado mientras su luz recorría el camino hacia nosotros.
La galaxia Andrómeda, de la cual tenemos preciosas imáge-

FIGURA 5. Imagen de la galaxia GN-z11, obtenida por el telescopio espacial Hubble.
Es el objeto celeste más lejano observado hasta el momento. Situada en la constelación
de la Osa Mayor, su masa es un uno por ciento la de la Vía Láctea. Se observa tal como
fue apenas 400 millones de años después del Big Bang, poco después del fin de la Edad
Oscura. (NASA, ESA, P. Oesch, Universidad de Yale; G. Brammer, STScI; P. van Dokkum,
Universidad de Yale, y G. Illingworth, Universidad de California, Santa Cruz)

nes debido a su «proximidad», se nos muestra como fue hace 2.500.000 años.

Este es un hecho fascinante, pues conforme vamos mejorando nuestros telescopios y observando objetos más y más lejanos en el cosmos, vemos cómo fueron en el pasado lejano. La teoría del Big Bang nos dice que las primeras estrellas y galaxias, su tamaño, distribución y la dinámica entre ellas, fueron muy diferentes de lo que son hoy. ¡Las observaciones de los últimos años han confirmado esta predicción! El telescopio espacial Hubble, puesto en órbita alrededor de la Tierra, ha producido increíbles imágenes de galaxias que emitieron luz hace unos 13.300 millones de años, apenas unos cientos de miles de años después del Big Bang.

La observación del fondo cósmico de microondas

En 1963 los astrónomos Arno A. Penzias y Robert W. Wilson, de veintisiete y treinta años, respectivamente, se embarcaron en un proyecto que pretendía medir emisiones de ondas de radio por nuestra galaxia. Este proyecto les llevaría, de forma inesperada, a realizar uno de los descubrimientos más importantes de la historia de la cosmología. En aquella época, Penzias y Wilson no estaban al tanto de los detalles de la teoría del Big Bang ni de la predicción de la radiación cósmica de fondo. Notaron, sin embargo, que su antena recibía más radiación de la que esperaban. Pasaron por un largo periodo de confusión. Comprobaron que recibían la misteriosa radiación extra independientemente de la orientación de la antena, lo que los llevó a pensar que su aparato no funcionaba correctamente. Incluso pensaron que el exceso de radiación se debía a los excrementos de una pareja de pacíficas palomas que habían decidido anidar en la antena. Penzias y Wilson estaban observando, sin saberlo, la radiación cósmica de fondo. La pareja de astrónomos publicó sus resultados en 1965, que llegaron a oídos de un grupo de cosmólogos de la Universidad de Princeton, liderados por Robert H. Dicke y Philip J. Peebles, quienes en esos momentos estaban construyendo una antena similar con la que pretendían medir la radiación cósmica. De inmediato estos cosmólogos se dieron cuenta de que las mediciones de Penzias y Wilson no se debían a excrementos de paloma, sino que eran los propios ecos del Big Bang. En 1978, cien años después del nacimiento de Albert Einstein, Penzias y Wilson recibieron el Premio Nobel de Física por su descubrimiento.

FIGURA 6. Arno Penzias (derecha) y Robert Wilson (izquierda) frente al cuerno de seis metros de longitud que utilizaron para observar el fondo de radiación cósmica de microondas. (Emilio Segre Visual A / Sciencie Photo Library / Age)

La radiación observada se ajustaba a lo esperado: era extremadamente isótropa y correspondía a la radiación emitida por un cuerpo a la temperatura de -270 grados Celsius. Este cuerpo es el propio universo. La observación del fondo cósmico de microondas supuso un respaldo absoluto a la teoría del Big Bang caliente, e hizo que hasta los más férreos detractores de esta teoría se rindiesen a la evidencia. El 21 de mayo de 1965 el periódico *The New York Times* incluyó en su portada un artículo titulado «Indicios de un universo "Big Bang"».

La radiación de fondo de microondas contiene información acerca del universo temprano de un valor incalculable. Recordemos que esta fue radiación que permaneció «atrapada» en la materia que formaba el universo, interaccionando fuertemente con esta hasta 380.000 años después del Big Bang, instante en que la materia, de forma bastante abrupta, se volvió transparente y se desacopló de la radiación. Esa radiación ha estado viajando desde entonces libremente, sin interaccionar con nada más y, por tanto, manteniendo sus características originales. Si nos detenemos a pensar, algo similar ocurre cuando nos fotografiamos: la radiación (luz visible en este caso) interacciona con nuestro cuerpo y viaja entonces libremente hasta que es capturada por la cámara. Si analizamos esa luz, plasmándola en una placa fotográfica o procesándola digitalmente como en las cámaras modernas, podemos ver los detalles de nuestro rostro. De forma que el fondo cósmico de microondas proporciona, literalmente, una fotografía del universo cuando tenía la temprana edad de 380.000 años. El cosmos realizó por entonces el primer selfi de la historia, un selfi cósmico, y dejó el resultado flotando por el universo hasta que Penzias y Wilson lograron observarlo. Ha de notarse que con 380.000 años el universo estaba en su más tierna infancia. Comparado con su edad actual de

13.800 millones de años, 380.000 años es el equivalente humano de un neonato con un día de vida. De modo que la imagen del fondo cósmico de microondas es equivalente a nuestra fotografía de recién nacidos que nuestras abuelas mantienen con cariño sobre sus cómodas.

Motivados por la gran información que contiene, los cosmólogos han dedicado dinero y tiempo a medir con la máxima presión el fondo cósmico de radiación. La NASA ha enviado dos grandes satélites fuera de la atmósfera terrestre para una observación minuciosa. El primero se llamó COBE, Cosmic Background Explorer, cuyos resultados le valieron el Premio Nobel de Física en 2006 a los líderes del proyecto, John C. Mather y George F. Smoot. El segundo fue WMAP, Wilkinson Microwave Anisotropy Probe, lanzado en 2001. La Agencia Espacial Europea envió en 2009 el satélite Planck, cuyos primeros resultados proporcionaron en 2013 la observación más precisa hasta el momento del fondo de radiación.

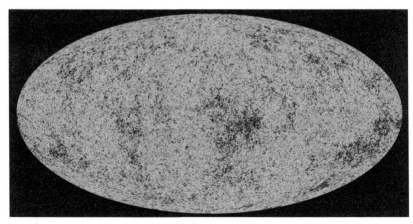

FIGURA 7. Imagen de las diferencias de temperatura del fondo cósmico de microondas obtenida por el satélite Planck. Cada punto corresponde a una dirección en el cielo. La temperatura media es de -270,42 grados Celsius y las diferencias, magnificadas en esta imagen, son apenas de unas cienmilésimas de grado. (Sciencie History Images / Alamy)

La cantidad de información extraída del fondo de radiación es abrumadora, y con ella hemos sido capaces de comprobar las más sutiles predicciones de la teoría del Big Bang. El avance explosivo que ha sufrido la cosmología en los últimos treinta años se debe en gran medida a estas observaciones.

Existen dos mensajes principales que se han extraído de la radiación cósmica, y son precisamente las dos razones que el comité del Premio Nobel enfatizó en la concesión del premio a los responsables del equipo del satélite COBE. Por un lado, la confirmación de que las características de la radiación coinciden con una exactitud sorprendente con la radiación emitida por un objeto caliente (el universo) a la temperatura de -270,42 grados Celsius, tal y como predice la teoría del Big Bang caliente. El segundo mensaje es aún más sorprendente. La observación minuciosa de la radiación muestra que esta es muy similar con independencia de la dirección en la que observemos, pero no exactamente. COBE reveló que la temperatura de la radiación contiene diferencias de ¡una parte en cien mil! dependiendo de la dirección en la que observemos. Y aunque estas diferencias son pequeñísimas y pueden parecer irrelevantes, tienen una importancia capital. Dado que la radiación de fondo es una fotografía del universo temprano, las observaciones de COBE muestran que las propiedades del universo no eran las mismas en todos los lugares. Si recordamos que la temperatura de la radiación está relacionada con la densidad de materia, las observaciones nos dicen que dicha densidad no fue exactamente la misma a lo largo y ancho del cosmos, sino que había pequeñas variaciones de un punto a otro que, aunque minúsculas, desempeñaron un papel crucial en el futuro de la evolución cósmica.

Si la densidad de materia hubiese sido la misma en cualquier lugar, la evolución futura hubiese sido demasiado aburrida, pues el universo hubiese continuado siendo uniforme en el futuro. Como discutimos en el capítulo anterior, la existencia de estructuras como galaxias, estrellas, planetas, carpinteros y cosmólogos se debe justo a la existencia de regiones del universo temprano donde la cantidad de materia fue ligeramente superior a la de sus alrededores. Así pues, el mensaje que aprendemos aquí es en verdad apasionante: el fondo cósmico de microondas proporciona una fotografía del universo en su infancia, 380.000 años después del Big Bang, la cual muestra de forma clara e inequívoca las semillas de las estructuras cósmicas actuales en forma de minúsculas irregularidades en la densidad de materia.

De forma colectiva, los resultados de las observaciones aquí resumidas proporcionan una evidencia aplastante a favor de la teoría del Big Bang caliente. Como ya hemos mencionado, esta no era la única teoría que los cosmólogos discutían durante el siglo XX, pero sí es la única que ha sobrevivido al riguroso examen impuesto por las observaciones. No nos queda más alternativa que aceptar que el universo está en expansión, y su pasado fue completamente diferente al presente.

Existe algo en nuestro subconsciente que nos hace reticentes a los cambios. La historia ha mostrado que nos sentimos más cómodos cuando pensamos que nuestro alrededor ha sido y será siempre muy similar a su forma presente. Sin embargo, el progreso científico ha mostrado que ese deseo no se corresponde con lo que ocurre en la naturaleza. De la misma forma que Darwin nos hizo entender que nuestra especie no ha existido siempre en su forma actual, sino que es el resultado de una lenta e imparable evolución que se remonta a organismos unicelulares, hemos de aceptar que el cosmos tiene también carácter evolutivo. Las estrellas no han estado siempre ahí, decorando el firmamento de forma perpetua. Por el contrario, estas nacen, evolucionan y finalmente dejan de brillar, muchas de ellas terminando su vida en una gran explosión que recuerda a bellos fuegos de artificio al final de una gran actuación. El Sol, en particular, se formó hace unos cinco mil millones de años, y dejará de brillar cuando agote su combustible dentro de otros cinco mil millones de años. La Tierra en su forma actual terminará con él. El universo es cambiante y así nos lo ha hecho saber de múltiples formas.

Mensajes inesperados

La confirmación de las predicciones de la teoría del Big Bang caliente es una verdadera muestra de la potencia de la ciencia y del pensamiento. Sin embargo, desde el punto de vista de un joven científico este éxito puede resultar aburrido, incluso decepcionante. Nuestra mente necesita nuevos desafíos. Por fortuna, el universo ha sido generoso y, además de confirmar nuestra teoría, nos ha «regalado» varios retos nuevos, tan fascinantes e inverosímiles que podrían utilizarse para escribir libros de ciencia ficción. Mencionamos aquí dos de las incógnitas más importantes que nos han revelado las observaciones recientes.

1. *La materia oscura*

La teoría de la relatividad general nos permite entender cómo se mueven los cuerpos celestes. Si sabemos cuánta materia se encuentra a su alrededor, podemos calcular su trayectoria. Por ejemplo, la teoría predice con precisión exquisita cómo se mueve Mercurio como resultado del efecto gravitatorio del Sol y del resto de planetas del sistema solar. De la misma forma podemos calcular cómo se mueven otros planetas, estrellas, cometas, etcétera, y los resultados están en perfecta consonancia con las observaciones. Existe, sin embargo, una excepción. Si calculamos la forma en que la mayoría de las galaxias han de rotar sobre su eje central, obtenemos que el resultado ¡está en completo desacuerdo con lo que observamos! Podríamos pensar entonces que la teoría de relatividad general es incorrecta. Aun así, el hecho de que esta teoría funciona a la perfección en todas las demás situaciones donde la hemos puesto a prueba sugiere que tal vez nos estamos olvidando algún ingrediente importante en este cálculo. Los cosmólogos se dieron cuenta de que esto es de hecho lo que ocurre. *La forma en que las galaxias rotan corresponde exactamente a como deberían hacerlo si estuviesen inmersas en una nube de materia de mayor tamaño, la cual no observamos con nuestros telescopios.* Este es un gran misterio. ¿Qué clase de materia invisible envuelve la gran mayoría de las galaxias? ¿Por qué no la vemos? Lo único que sabemos de esa materia es que ha de estar ahí, rodeando las galaxias, pues vemos el efecto gravitatorio que produce en la rotación de estas.

Esto ha llevado a los físicos a postular la existencia de un nuevo tipo de materia, diferente de la que estamos acostumbrados a ver; no está hecha de quarks, protones, neutrones y electrones, ni de ninguna de las partículas que conocemos, sino de una sustancia que *no interactúa con la radiación*, pues de otra forma la veríamos con nuestros telescopios. Solo somos capaces de detectar su efecto gravitatorio. A esta gran desconocida se la ha bautizado como *materia oscura*. Quizá lo más sorprendente es que si calculamos la cantidad de materia oscura necesaria para explicar el movimiento de las galaxias vemos que ¡la inmensa mayoría de la materia del universo ha de ser de este tipo! Concretamente, el 85 por ciento de la materia del universo parece estar hecha de esta hipotética sustancia. Comprender qué es la materia oscura es sin duda uno de los mayores desafíos de la física actual.

2. *Energía oscura*

Ya hemos discutido sobre ella en el capítulo 4, y surge de las observaciones realizadas a finales de la década de 1990, que pusieron de manifiesto que el universo se expande de forma *acelerada*, es decir, cada día con un ritmo de expansión más rápido. Los responsables de los equipos que hicieron esta observación fueron galardonados con el Premio Nobel de Física en 2011. La expansión acelerada del universo se puede explicar de forma satisfactoria mediante la constante cosmológica introducida por Einstein, la cual produce un efecto gravitatorio de carácter repulsivo. Sin embargo, un efecto similar lo podría producir también la presencia de algún tipo de materia exótica que no conocemos, pero que es gravitacionalmente repulsiva. Los físicos, muy cautos, no quieren descartar ninguna posibilidad, de forma que muchos grupos de trabajo investigan esta segunda posibilidad algo más exótica. Para evitar cualquier prejuicio, al agente causante de la expansión acelerada se conoce con el nombre genérico de *energía oscura*, de manera que la constante cosmológica de Einstein es uno de los posibles candidatos, y también el más probable, para explicar la energía oscura.

Es interesante darse cuenta de que si los efectos de la energía oscura permanecen para siempre, como de hecho sería el caso si se tratase simplemente de la constante cosmológica, la expansión cósmica no terminaría jamás. El universo se expandiría cada vez más a un ritmo mayor y tendría un futuro diluido y frío. Esta parece, en mi opinión, la opción más probable para el futuro del cosmos. Las galaxias se irán alejando unas de otras, haciendo las colisiones menos y menos frecuentes. Las estrellan terminarán quemando el combustible del que disponen. El universo se irá apagando de nuevo, entrando en una nueva Edad Oscura, con la diferencia de que esta durará por el resto de la eternidad. De forma similar a lo que sucede con la vida del ser humano, el cosmos disfrutó de una frenética actividad en sus etapas iniciales de «juventud», y probablemente terminará con una «vejez» monótona y aburrida que, para su pesar, se extenderá hasta la eternidad.

7

Antes del Big Bang: el origen cuántico de las estructuras cósmicas

Este capítulo se adentra en las verdaderas entrañas del universo, en su pasado remoto. Viajaremos al instante en el que se creó la materia en su forma más elemental, el llamado Big Bang caliente, e incluso antes de él, en busca de los orígenes del cosmos. Nuestra motivación es la siguiente. En los capítulos anteriores hemos aprendido que, asombrosamente, el universo temprano era mucho más simple que el actual. En él no existían estructuras como las que hoy observamos en forma de galaxias, estrellas, planetas y materia agregada. El cosmos estaba formado por una densa sopa de partículas elementales y radiación en la que la densidad de la materia y la energía era casi idéntica en todos los lugares, algo por completo diferente a lo que observamos hoy. Pero en esta sopa uniforme estaban ya escritas de forma sutil las estructuras cósmicas que se formarían billones de años más tarde; estas se encontraban codificadas en minúsculas variaciones en la densidad de la materia. Como la cara de un recién nacido, perfecta, lisa y sin arrugas, pero en la que si miramos con un microscopio podemos distinguir pequeñísimos defectos que con la edad se convertirán en las profundas arrugas de un anciano, el universo contenía ya en sus etapas más tempranas las semillas del tejido cósmico y sus subestructuras. Por tanto, podríamos sostener que el pensamiento científico nos ha llevado a entender el origen de las estructuras cósmicas: estas provienen de las minúsculas irregularidades presentes en el universo primitivo. Pero creo que estamos de acuerdo en que esta no es una explicación satisfactoria. Si realmente queremos entender el origen del tejido cósmico hemos de responder a una pregunta más fundamental: ¿qué originó las irregularidades primordiales? ¿«Nacieron» con el universo, o fueron generadas por algún mecanismo? Responder a estas cuestiones es la finalidad de este capítulo.

El camino que seguiremos se asimila al de remontarnos a un instante anterior al nacimiento de un bebé y estudiar al feto —que ni siquiera tiene formada su cara— en el vientre de la madre, para seguir con cuidado el proceso de gestación y descubrir en qué momento se formaron el rostro y las pequeñas imperfecciones, a fin de encontrar así el verdadero origen de las arrugas del futuro anciano. Vamos a aprender aquí algo sorprendente, que es para mí una de las lecciones más fascinantes de la ciencia: ¡las estructuras cósmicas se originaron *antes* del Big Bang caliente, y surgieron del propio vacío!

El concepto de vacío en física cuántica

¿Qué es el vacío? Esta es en apariencia una pregunta sencilla, a la que todos daremos una rápida respuesta: el vacío, o la Nada, no es más que la *ausencia*, la inexistencia de materia y energía, aquello que queda cuando retiramos todo lo que existe. Nos sorprenderemos al saber que esta noción tradicional de vacío ha demostrado ser errónea con el nacimiento de la física cuántica. La teoría cuántica es compleja, y no pretendo dar aquí una descripción mínimamente completa de ella.

Pero sí quiero enfatizar una de sus consecuencias más sobresalientes: sus implicaciones para el concepto de vacío. Uno de los principios básicos en los que se basa la física cuántica es el conocido como principio de indeterminación de Heisenberg. De forma simplificada, el principio indica que no es posible fijar con total precisión la energía de un sistema físico. Existen inevitables fluctuaciones alrededor del valor promedio de la energía que son imposibles de eliminar. Este, enfatizó Heisenberg, no es un problema de precisión en la medida, sino una consecuencia de que la propia energía del sistema no tiene un valor determinado. Tal vez este principio nos parezca contraintuitivo y difícil de creer. No es de extrañar; a Heisenberg le valió el Premio Nobel entenderlo. Nuestra experiencia no está expuesta a este tipo de fluctuaciones de energía porque son realmente minúsculas, por lo que nuestra intuición se ha forjado sin tenerlas en cuenta. Pero el avance científico y tecnológico ha puesto de manifiesto su existencia sin lugar a dudas.

Este principio tiene consecuencias muy importantes para la noción de vacío, pues nos dice que es imposible tener un sistema con energía exactamente igual a cero durante un tiempo indefinido. Pequeñas desviaciones que aparecen y desaparecen aquí y allá, como un sutil burbujeo en un mar en calma, son inevitables. Si promediamos sobre estas fluctuaciones recuperamos la imagen tradicional. Pero están ahí y hacen que, desde una perspectiva física y filosófica, el concepto de la Nada que nos revela la teoría cuántica sea mucho más rico que su contrapartida tradicional. Una forma gráfica de imaginar el vacío cuántico es como un mar de pares partícula-antipartícula que se crean y aniquilan de forma espontánea aquí y allá. A estos se les conoce como pares virtuales, pues solo existen de forma fugaz durante breves instantes de tiempo.

Pero ¿por qué es relevante el vacío cuántico para la gestación del cosmos? Esta vez fue Erwin Schrödinger, el otro padre de la teoría cuántica y ganador del Premio Nobel de Física por ello, quien en 1939 dedujo que puesto que el vacío posee una estructura rica debería ser posible interaccionar con él, y encontró en la expansión cósmica una forma de hacerlo. Si el universo se expande, pensó, existe cierta probabilidad de que los dos constituyentes de alguno de los pares virtuales de partícula-antipartícula que contiene el vacío sean separados el uno del otro por la expansión, de forma que no puedan aniquilarse. En pocas palabras, la expansión cósmica podría convertir pares virtuales en pares reales, ¡haciendo aparecer así partículas y antipartículas del propio vacío! Pero esta idea no llegó a calar en la comunidad científica debido a que en la época no existían las matemáticas necesarias para formularla en términos precisos. Hubo que esperar casi treinta años, hasta que en 1965 un joven estudiante de doctorado en Harvard llamado Leonard Parker redescubrió las ideas de Schrödinger, formulándolas esta vez de manera completamente satisfactoria desde el punto de vista matemático.

Parker (con quien he tenido el privilegio de trabajar durante varios años) derivó con cuidado los detalles de esa creación espontánea de partículas en su brillante tesis doctoral, demostrando que la energía de los pares es extraída de la expansión cósmica. Demostró también que la tasa de creación de pares es hoy completamente irrelevante, tan baja que es imposible de detectar, pero que podría haber sido importante en etapas anteriores del universo si este se expandió de forma violenta. Esta es la clave del éxito de la teoría inflacionaria del universo temprano, que a continuación explicamos.

La teoría de la inflación cósmica

Esta teoría propone que el universo, en sus etapas más tempranas, antes incluso que las partículas elementales fueran creadas, sufrió una breve fase en la que la expansión fue extraordinariamente violenta, exponencial. La duración de esta fase fue muy corta, una ínfima fracción de segundo, pero suficiente para que el universo aumentara su radio en un factor de alrededor de ¡un quintillón! (un uno seguido de treinta ceros). Aunque esta idea apareció de forma simultánea en el trabajo de varios autores a finales de los setenta y principios de los ochenta, fue el físico Alan Guth quien identificó con mayor lucidez la razón por la que dicha fase debería haber tenido lugar, y es a él a quien se le atribuye la autoría.

La motivación de Guth fue que la existencia de tal periodo ayudaría a explicar de forma natural muchas cosas que observamos. En concreto, hay tres factores que lo motivaron: 1) ¿Por qué la geometría del universo es tan aproximadamente plana (cero curvatura; véase el capítulo 3)? De la misma forma que si inflamos mucho una pelota una hormiga situada en su superficie no podría apreciar su curvatura, el universo nos parecería plano si sufrió una gran expansión. 2) ¿Por qué partes del universo muy alejadas tienen las mismas propiedades? Para ello habrían tenido que «comunicarse». Pero regiones muy distantes no habrían tenido tiempo de hacerlo si el universo «nació» hace 13.800 millones de años. Sin embargo, si el universo se infló estas regiones hubiesen estado mucho más cerca unas de otras en el pasado remoto, lo que permitiría que se pudiesen homogeneizar. 3) ¿Por qué no observamos algunos objetos en el universo aun cuando nuestras teorías predicen su existencia, en especial polos magnéticos (norte o sur) aislados? Alan Guth argumentó que una gran expansión diluiría la presencia de estos objetos y los haría extremadamente difíciles de encontrar, explicando así su aparente ausencia.

Pero como muchas otras veces ha ocurrido en ciencia, la motivación original de Guth no es la razón por la que la teoría de la inflación es apreciada hoy. Muchos científicos, con el famosos Roger Penrose entre los máximos críticos, han argumentado que si analizamos los detalles de la teoría nos daremos cuenta de que no responde con total satisfacción a estas tres preguntas, arrojando cierta controversia sobre los argumentos de Guth. La razón de la enorme popularidad de la que esta teoría disfruta en el presente se debe a un motivo diferente. Varios científicos, entre los que se encuentran Stephen Hawking y también el propio Guth, se dieron cuenta de que la inflación proporciona una explicación sencilla y de gran elegancia al origen de las estructuras cósmicas.

Pero antes de describir este proceso hemos de entender mejor cuáles son las condiciones que se tuvieron que dar para que el universo sufriese una fase inflacionaria. Recordemos que la expansión cósmica es un efecto de la gravedad, y esta viene generada por la materia y la energía. Para que la inflación sea posible, Guth postuló la existencia de un nuevo tipo de sustancia en el universo a la que bautizó (en un alarde de imaginación) con el nombre de Inflatón, la cual llenaba todo el cosmos de forma uniforme y cuyos efectos gravitatorios son *repulsivos*, de forma similar a la energía oscura que consideramos hoy. Nunca hemos observado esta sustancia, pues aparentemente tuvo relevancia solo en el pasado. Esta es la principal suposición en la que esta teoría descansa, y algunos autores la consideran tan artificial e inverosímil que recelan de que sea correcta. Sin embargo, la explicación del origen de las estructuras cósmicas que la teoría inflacionaria proporciona es tan elegante y explica tan bien lo que observamos que la mayoría de los cosmólogos piensan que la teoría es correcta, a pesar de que aún no sabemos con certeza qué es el Inflatón.

El origen de las estructuras cósmicas y el Big Bang caliente

Al inicio del periodo inflacionario no había en el universo materia como la conocemos hoy. Este no contenía apenas electrones ni protones, ni siquiera radiación. El Inflatón, la sustancia postulada por Guth, llenaba el cosmos uniformemente, y hacía que este se expandiese de forma exponencial. Esta expansión fue tan violenta que «arrancó» pares de partícula-antipartícula del vacío, tal y como sugirió Parker, separando sus constituyentes con extrema rapidez para evitar que pudiesen aniquilarse. Esta creación no fue, sin embargo, suficiente para generar la materia que vemos hoy, pero sí para que apareciesen las primeras irregularidades en el universo: debido a la presencia de estas partículas y antipartículas los lugares donde se situaron se volvieron ligeramente más densos, formando así nada más y nada menos que ¡las semillas de las estructuras cósmicas! Nos referiremos a estos pequeños excesos en la densidad del universo como las irregularidades primordiales.

Al final de la inflación ocurrió otro proceso de capital importancia. Una de las características relevantes de esta hipotética sustancia llamada Inflatón es que es *inestable*, de forma similar a como lo es un núcleo atómico de uranio, el cual tiende a desintegrarse de modo espontáneo en núcleos más ligeros y en radiación. Así que, una fracción de segundo después de comenzar la inflación, la sustancia Inflatón, que se extendía por todo el espacio, se desintegró en partículas fundamentales (electrones, quarks, radiación, etcétera). Los expertos se refieren a este proceso como *reheating* (recalentamiento). Este es el instante en que la materia y la radiación aparecieron en el cosmos, haciendo que el universo dejase de ser oscuro y frío para convertirse en una sopa caliente y densa, y es conocido popularmente como el Big Bang caliente.

El nombre de Big Bang se ha utilizado para referirse a dos procesos en realidad diferentes y que conviene diferenciar. Por un lado, al instante que acabamos de describir en el que la materia y la radiación aparecen en el cosmos. Por tanto, resulta apropiado añadir a este Big Bang el adjetivo «caliente»; por otro, el término «Big Bang» se ha utilizado también para designar al origen del universo, en caso de que haya existido. Me referiré a este hipotético hecho como la *singularidad del Big Bang*, o simplemente la singularidad inicial, y lo discutiremos con más detalle en el próximo capítulo. El Big Bang caliente no es el origen del cosmos, sino el final de la época inflacionaria. Tampoco fue una explosión en un lugar concreto del universo, sino un proceso que ocurrió en todo el cosmos (o al menos en la porción que hemos sido capaces de observar) simultáneamente.

Las partículas creadas en el Big Bang caliente no se distribuyeron de forma uniforme por el cosmos, sino que la presencia de las irregularidades primordiales indujo a esta materia recién creada a acumularse en los lugares donde la densidad era algo mayor. A partir de ahí la acción paciente e incesante de la gravedad hizo su trabajo, y después de varios cientos de millones de años más tarde las irregularidades iniciales se convirtieron en las estructuras de materia agregada que encontramos hoy. Los cosmólogos han realizado cálculos sofisticados sobre los detalles de estas irregularidades primordiales que surgieron del vacío y las han comparado tanto con las observaciones de la temperatura del fondo cósmico de microondas como con el tejido cósmico. El acuerdo es sobresaliente y ha convencido a muchos de los que recelaban de la teoría de la inflación.

Ahora detengámonos y apreciemos la profundidad de las afirmaciones hechas en este capítulo. La teoría de la inflación nos dice que el universo primitivo era, antes del mismísimo Big Bang caliente, muy simple, pues en esencia solo contenía al Inflatón uniformemente distribuido y al vacío cuántico. Pero la inflación aprovechó que el vacío es mucho más rico en estructura de lo que los pensadores clásicos imaginaron y fue capaz de arrancarle pares de partícula-antipartícula, que establecieron el origen de las estructuras. El tejido cósmico, la estructura de galaxias que lo compone, las estrellas, los planetas, tú y yo, encontramos, por tanto, nuestro origen en el sistema más «simple» que conocemos, el vacío. La Nada es el origen del Todo, nos dice esta teoría; eso sí, la Nada cuántica. La elegancia y profundidad de esta idea hacen de ella *la más bella de toda la ciencia*.

La teoría de la inflación cósmica goza del respaldo mayoritario en la comunidad de cosmólogos, pero no del cien por cien de ellos. La predicción correcta de las irregularidades cósmicas es su principal valedor. Pero el rigor científico exige la comprobación de más predicciones y esto aún no ha ocurrido. De forma que todavía no podemos afirmar con rotundidad que esta teoría es correcta. Desde mi punto de vista, la teoría de la inflación contiene ingredientes altamente especulativos, muchos de los cuales requieren de mayor justificación, como la hipótesis del Inflatón y su inestabilidad, que dio lugar al Big Bang caliente. Después de muchos años trabajando en ella, todavía recelo sobre ciertos detalles de la inflación.

Un esfuerzo significativo de la comunidad científica actual está dirigido a diseñar y llevar a cabo nuevas observaciones que nos permitan validarla con mayor precisión. No puedo afirmar con certeza cuál será el resultado, pero tengo la fuerte convicción de que la idea básica tras la inflación, la de que las estructuras del cosmos tienen origen en la amplificación de las fluctuaciones del vacío cuántico por la expansión cósmica, ha de ser correcta. Es una idea demasiado bonita para que la naturaleza la desaproveche.

El multiverso

La cosmología física solo hace afirmaciones sobre la porción del universo que podemos observar. Esto ha llevado a algunos autores a especular que quizá la inflación no ocurrió simultáneamente en todo el universo. En algunos lugares pudo durar más tiempo, en otros menos, y en otros ni siquiera ocurrir. Por tanto, el universo podría tener a grandísima escala un aspecto muy heterogéneo, pero cada uno de sus habitantes solo sería capaz de observar una pequeña fracción de este, la cual le parecería homogénea. Esta propuesta se conoce como multiverso, no porque existan universos «paralelos», sino porque regiones muy alejadas del cosmos podrían ser por completo diferentes (desafortunadamente, la palabra «multiverso» se ha utilizado de forma diferente en otras teorías, lo que en ocasiones lleva a confusión).

Ciertamente, de la misma forma que hace cinco mil años un habitante del desierto hubiese afirmado con convicción que el universo en su totalidad está hecho de arena y dunas, sería pretencioso por nuestra parte afirmar que todo el cosmos es como lo observamos en los varios miles de millones de años luz que nos rodean. Pero a diferencia del hombre del desierto, que hubiese sido capaz de viajar a otros lugares alejados y comprobar la realidad a base de paciencia y un buen camello, el vasto tamaño del cosmos nos impide hacer algo similar. De manera que nunca podremos comprobar si existen otras regiones heterogéneas del universo. Las cuestiones sobre las regiones del cosmos que nunca podremos observar, aunque interesantes a nivel filosófico, no pueden ser respondidas por la ciencia, y han de dejarse al margen de esta. En la cosmología física nuestras afirmaciones deben restringirse a nuestro universo, entendido como la parte del cosmos que somos capaces de observar.

8

En busca del origen del universo

De las tres preguntas formuladas en el primer párrafo del prefacio hemos discutido la respuesta que la ciencia proporciona a dos de ellas, las relacionadas con el tamaño y la evolución del universo. Nos enfrentamos en este capítulo a la tercera: ¿ha existido el universo eternamente, o se originó en algún instante en el pasado? Esta pregunta ha estado en la mente de casi todas las civilizaciones avanzadas, con respuestas de todo tipo. Los grandes pensadores griegos, quienes construyeron un modelo cosmológico sofisticado y descrito con precisión en el tratado *Sobre el cielo* de Aristóteles en el 350 a.C., creían que el cosmos ha existido desde siempre. Ideas de carácter religioso se inclinan por un origen cósmico en algún tiempo pasado, instante al que la religión católica se refiere como la Creación o el Génesis. Un buen ejemplo de esta línea de pensamiento se encuentra en el tratado *La ciudad de Dios* escrito por el filósofo y pensador san Agustín en el siglo v d.C. El filósofo Immanuel Kant (1724-1804) defendió un universo eterno, curiosamente basado también en argumentos religiosos, y frente aquellos que apostaban por un origen del cosmos argumentaba que debían entonces explicarle qué ocurrió antes y por qué el universo se creó en un instante determinado y no en otro. Los escritos de san Agustín ya contenían una respuesta sofisticada a tales preguntas, y en ellos argumentaba que el concepto de tiempo mismo se origina con el universo, de modo que la frase «antes del origen» carece de sentido, de la misma forma que no existe nada en la superficie de la Tierra que se encuentre más al norte del polo Norte.

Todas estas discusiones, aunque muestran una profundidad de pensamiento y lógica admirables, descansan en argumentos no científicos. Este capítulo resume las respuestas que la cosmología moderna proporciona a la cuestión del origen del cosmos. La teoría de Einstein da una respuesta clara en referencia a lo que ocurrió en los instantes anteriores al inicio de la era inflacionaria: en una ínfima fracción de segundo antes de la inflación, la distancia entre cualquier par de puntos en el cosmos se hace *igual a cero* y la intensidad del campo gravitatorio se vuelve *infinita*. Este fenómeno se conoce como singularidad del Big Bang o singularidad inicial. En este contexto la palabra «singularidad» no ha de entenderse como «único o extraordinario», sino en su acepción matemática, esto es, el «lugar donde algo se vuelve infinito», en este caso la intensidad de la gravedad. La geometría del universo deja de estar bien definida y, por tanto, la historia del universo no se puede extender a instantes anteriores. Como ya hemos mencionado en capítulos previos, el término «Big Bang» es un tanto insatisfactorio, pues induce a pensar erróneamente en una explosión en un lugar determinado del cosmos. Esto no es así, por el contrario, fue algo que ocurrió en todo el cosmos de modo simultáneo. No hubo tampoco nada que fuese grande (*big*) ni que explotase (*bang*). Esto motivó a la revista *Sky & Telescope* a organizar en 1994 un concurso público para encontrar un nombre más apropiado. Recibieron 13.099 propuestas de ciudadanos de edades comprendidas entre 4 y 92 años. El jurado, entre los que se encontraban el famoso astrofísico y divulgador Carl Sagan, determinó que ninguna de las nuevas propuestas reunió los suficientes apoyos para reemplazar la expresión Big Bang.

Se suele afirmar que la relatividad general *predice* que el universo se originó en la singularidad del Big Bang, y muchos de los que simpatizaban con el origen cósmico lo interpretaron como una confirmación científica de sus ideas. Pero tales afirmaciones son simplemente incorrectas, como explicamos a continuación.

La teoría de la relatividad general tiene una limitación: no incluye los principios de la física cuántica. Esto no es un problema para explicar la inmensa mayoría del universo, pues en casi todos los rincones del cosmos la gravedad es tan débil que sus aspectos cuánticos son insignificantes, excepto en dos: el centro de los agujeros negros y los instantes previos a la inflación cósmica. Creemos firmemente que ahí los efectos cuánticos de la propia gravedad han de ser muy importantes, cruciales de hecho. La conclusión es que no podemos aplicar la teoría de Einstein para explicar lo que ocurre allí, pues simplemente deja de tener validez. Es como preguntarle a un reparador de mecheros por qué no funciona nuestro ordenador; seguro que nos dirá que el problema es el gas, la piedra o el muelle. Sus conocimientos son insuficientes para entender la complejidad de los circuitos electrónicos involucrados y su respuesta, por tanto, carece de sentido. El propio Einstein era plenamente consciente de las limitaciones de su teoría y afirmó que sus predicciones no se pueden extrapolar a esos instantes: «Uno no puede asumir la validez de las ecuaciones [de la relatividad general] para altas densidades de materia y campos, y uno no puede concluir que el comienzo de la expansión debe significar una singularidad en sentido matemático». En ese sentido, he aquí el mensaje principal de este capítulo:

no es correcto decir que la relatividad general predice la singularidad del Big Bang, cuando el espacio y el tiempo se crearon. Por el contrario, el Big Bang es simplemente el resultado de llevar la teoría fuera de su dominio de validez. Así pues, por muchas veces que hayamos leído o escuchado que la teoría del Big Bang caliente predice que el universo comenzó hace 13.800 millones de años, tal afirmación carece de soporte científico. De hecho, fue el cosmólogo Fred Hoyle, uno de los mayores oponentes de la teoría del Big Bang caliente, quien, según las malas lenguas, en 1949 propuso en tono de burla el nombre de Big Bang para enfatizar el sinsentido que para él tenían estas ideas. Años antes la palabra «bang» ya la había utilizado en el mismo sentido el británico sir Arthur Eddington, una de las mayores autoridades en relatividad general de la época. Sir Eddington fue el director de la misión que en 1919 observó por primera vez la desviación de los rayos de luz de estrellas lejanas por la gravedad del Sol, hecho que se consideró como la confirmación inequívoca de que la teoría de la relatividad general era correcta y que le valió a Einstein la fama mundial. Este fue un hecho sobresaliente desde el punto de vista histórico, pues mientras poco antes los gobiernos inglés y alemán enfrentaban a sus soldados en la sangrienta Primera Guerra Mundial, los dos científicos más brillantes de ambas naciones, Eddington y Einstein, aunaban fuerzas para avanzar en el conocimiento del cosmos. En 1928 sir Eddington escribió que «como científico simplemente no creo que el universo empezase con un "bang"»; años más tarde, en 1931, expresó: «Filosóficamente, la noción de un comienzo del orden presente de la Naturaleza es repugnante para mí». No tiene sentido decir que la gravedad tiene intensidad infinita, de modo que la singularidad del Big Bang ha de entenderse como un grito desesperado de la relatividad general para avisarnos que la hemos sacado de su régimen de aplicabilidad.

¿Qué sabemos entonces sobre lo que ocurrió en aquel instante? La respuesta es decepcionante: realmente poco. En lo que a observaciones respecta, aún no hemos sido capaces de identificar ninguna señal que nos proporcione información sobre ese tiempo remoto. Por otro lado, para poder describir la física de aquellos instantes hemos de construir una teoría más fundamental que la relatividad general, una que incorpore los principios de la física cuántica. Puesto que la relatividad general describe la gravedad, necesitamos encontrar una *teoría cuántica de la gravedad*. Los físicos teóricos llevan más de sesenta años en su búsqueda. Existen muchas propuestas, entre las que la teoría de cuerdas y la gravedad cuántica de lazos son las dos mayoritarias. Pero ninguna de ellas es, ni mucho menos, completa. Ambas contienen importantes preguntas sin resolver. En ausencia de observaciones y de teoría, no podemos hacer afirmación alguna sobre si el universo de verdad comenzó en algo parecido a un Big Bang inicial. No sabemos si es eterno en el tiempo o si tuvo un comienzo. Simplemente lo desconocemos.

Como el lector podrá imaginar, responder a estas preguntas es uno de los objetivos principales de la cosmología moderna. Es cierto que no tenemos una teoría completa de gravedad cuántica, pero algunas de las propuestas existentes están ya tan desarrolladas como para que podamos hacer predicciones concretas sobre lo que ocurrió. Aunque aún no han sido confirmadas o refutadas, y por tanto hay que considerarlas con cierto grado de escepticismo, es muy interesante ver lo que estas teorías nos dicen. Como ejemplo, describiré a continuación la tesis que presenta la gravedad cuántica de lazos sobre el origen del universo. Escojo esta teoría no solo porque es una de las pocas que hacen propuestas concretas y bien definidas sobre el origen del universo, sino también porque he dedicado parte de mi trabajo de los últimos años a producir estos resultados.

COSMOLOGÍA CUÁNTICA DE LAZOS Y EL ORIGEN DEL UNIVERSO

La cosmología cuántica de lazos surge de la aplicación de las ideas de la gravedad cuántica de lazos a la cosmología, y fue iniciada por los físicos teóricos de la Universidad Estatal de Pensilvania Martin Bojowald y Abhay Ashtekar. En esta teoría los principios de la relatividad general y la física cuántica se unen en un feliz matrimonio que incorpora el principio de indeterminación de Heisenberg a la geometría del universo. Este nuevo ingrediente altera por completo la evolución cósmica en las etapas que preceden a la era inflacionaria. Alrededor de 2006, las investigaciones de Bojowald, Ashtekar y sus jóvenes colaboradores T. Pawlowski, P. Singh y A. Corichi demostraron que en ciertas condiciones el principio de Heisenberg introduce una componente *repulsiva* en la gravedad. Este nuevo ingrediente está siempre presente, pero es extremadamente débil en circunstancias normales y solo crece en relevancia cuando se lleva la gravedad a límites extremos, como en las etapas iniciales del cosmos o en los centros de los agujeros negros. De la misma forma que el coraje de una madre o de un padre aumenta sin límites al ver a sus hijos en peligro, los aspectos repulsivos del principio de indeterminación son capaces de evitar que la geometría del universo encuentre una singularidad. Estos investigadores descubrieron algo fascinante: los efectos cuánticos hacen que el universo

97

rebote y comience a expandirse de nuevo. En otras palabras, la cosmología cuántica de lazos predice que no hubo tal cosa como un Big Bang que creara el universo, sino que aquel instante fue realmente un gran rebote (Big Bounce).

Por tanto, esta teoría nos dice que el universo es eterno y que en el pasado remoto se estaba contrayendo. En dicha contracción la distancia entre cualquier par de puntos del cosmos disminuía al mismo tiempo que la intensidad de la gravedad crecía. Este proceso continuó hasta que la intensidad gravitatoria superó un valor umbral en el que, en ausencia de efectos cuánticos, el universo hubiese encontrado una singularidad. Fue en ese momento cuando los efectos cuánticos cobraron intensidad, siendo capaces de frenar la contracción para convertirla en expansión. No ocurrió un Big Bang sino un Big Bounce (gran explosión frente a gran rebote). El cosmos comenzó entonces su etapa de expansión y pronto apareció el periodo inflacionario, así como el resto de peripecias cósmicas descritas en los capítulos anteriores.

Los físicos ya habían encontrado en otros contextos los efectos repulsivos de la física cuántica. Por ejemplo, sin estos no se puede explicar por qué los átomos son estables, pues los electrones que orbitan el núcleo atómico deberían perder energía de forma espontánea y reducir paulatinamente el radio de su órbita hasta chocar con este. La razón por la que no lo hacen y que por tanto permite la existencia de átomos, y la nuestra propia, es precisamente el efecto repulsivo que genera el principio de indeterminación cuántico. De la misma forma, este principio evita que el universo «implosione» y el espacio y el tiempo dejen de tener sentido en una singularidad; nos dice además que la historia pasada del cosmos se puede extender mucho más allá, de hecho de forma infinita.

La predicción del gran rebote sugiere dos preguntas:

1) ¿cómo fue el cosmos en su fase de contracción; estaba hecho también de un tejido cósmico formado de galaxias, estrellas y físicos teóricos, de forma similar a como lo está ahora, o era completamente diferente? 2) ¿Predice esta teoría que habrá un nuevo gran rebote en el futuro, haciendo que la historia del universo se repita de forma *cíclica e indefinida*?

La búsqueda de una respuesta a la primera pregunta es un tema activo de investigación y, aunque aún no se conoce con certeza, no hay razón alguna para pensar que el universo antes del rebote se parecía en absoluto al que ahora observamos. La respuesta más probable es que este era de hecho muy diferente, en esencia vacío, sin planetas, estrellas ni galaxias: el universo podría haber sido extremadamente uniforme y vacío durante toda la fase de contracción, sin apenas electrones, protones ni radiación; y que fue precisamente en la fase de expansión, al final de la inflación, cuando la materia y la radiación aparecieron por primera vez en el Big Bang caliente (el otro Big Bang).

Respecto a la segunda pregunta, las observaciones actuales indican que el universo continuará expandiéndose por siempre y no habrá una fase de contracción ni un nuevo rebote. Por tanto, el universo habría rebotado una sola vez durante toda su historia. Un nuevo rebote aparecería si por alguna razón desconocida el cosmos comenzase a contraerse de nuevo. Esto solo podría ocurrir si la energía oscura dejase de producir su efecto repulsivo. No tenemos razón alguna para pensar que esto vaya a ocurrir, pero como todavía no sabemos con certeza qué es esta energía oscura, no podemos descartar ninguna posibilidad.

Hoy en día las tesis de la cosmología cuántica de lazos son solo propuestas de lo que pudo ocurrir. Las observaciones han de revelar si este es realmente el camino que el universo siguió, o si una teoría diferente es necesaria. Una porción de la comunidad científica se esfuerza por encontrar señales que nos ayuden a conocer lo que ocurrió en aquellos instantes. No es tarea sencilla, pues es una época remota, de la misma forma que la escasez de rastros del paleolítico dificulta entender cómo vivía el ser humano en aquel tiempo. Una parte importante de mi propia actividad científica en los últimos años ha sido buscar las señales que un rebote cósmico dejaría en el fondo cósmico de radiación. De la misma forma que la inflación creó pares de partícula-antipartícula del vacío, cuyos rastros podemos observar hoy en la radiación de fondo, algo similar debió de suceder también durante el gran rebote, imprimiendo en el fondo cósmico de radiación algún tipo de «pintura rupestre» de la cual podamos aprender lo que ocurrió. Ciertos cálculos matemáticos nos muestran la forma concreta que han de tener estas señales. Hoy no tenemos suficientes datos para verificar o refutar estas predicciones, pero es posible que las observaciones del futuro cercano lo hagan y nos ayuden a entender mejor el origen del cosmos. Es verdaderamente fascinante que lo que en un tiempo fue objeto de la metafísica y las creencias religiosas hoy forme parte de la actividad científica y se investigue con rigor. Dejemos a un lado nuestros prejuicios y permitamos que sea la naturaleza misma la que nos revele cómo se originó el cosmos.

9

Comentarios finales

Estimado lector, llegamos aquí al final de este fascinante viaje a lo largo de la historia del universo que con placer hemos compartido. La teoría de la relatividad general de Einstein nos ha proporcionado el mapa de ruta. Ella nos ha enseñado que el espacio que nos rodea no es un mero contenedor rígido e inerte. Por contra, este es maleable y dinámico, y su forma la dicta la materia y energía que contiene. Cuando observamos el cosmos a gran escala, nos damos cuenta de que es uniforme, y que cualquier entorno es similar a otro. Por tanto, creemos que no existe un «centro» del universo, ni ningún otro lugar privilegiado. Es como un extenso mar en calma, donde ni el mejor marinero podría distinguir un lugar de otro. La teoría de Einstein predice entonces que tal contenido de materia ha de producir que el universo esté cambiando en el tiempo, bien contrayéndose o expandiéndose. Esta predicción sobrepasó hasta al propio Einstein, quien al comienzo la rechazó. Pero las observaciones terminaron por convencer incluso a los más escépticos. Nuestro universo se expande, fue más compacto, denso y caliente en el pasado, y será lo contrario en el futuro. Resumimos aquí brevemente las épocas más relevantes de la historia cósmica, y la ilustramos en la figura 8:

1. El inicio: desconocemos lo que sucedió en las etapas más tempranas. No estamos seguros de si el universo se originó en algún tipo de Big Bang o si lo que ocurrió fue un gran rebote y es eterno. Lo que sabemos con certeza es que este comenzó a expandirse hace aproximadamente 13.800 millones de años.

2. Era inflacionaria: el universo multiplicó su tamaño de forma drástica en una ínfima fracción de tiempo, de unos 10^{-35} segundos (una coma seguida de treinta y cuatro ceros). Esta violenta expansión fue capaz de generar partículas desde el vacío cuántico, las cuales establecieron las irregularidades primordiales en la densidad del universo, que constituyen las semillas del tejido cósmico y de la materia agregada. Al final de la inflación ocurrió el Big Bang caliente, en el que se crearon las partículas elementales. Tenemos firmes evidencias de que la teoría de la inflación cósmica es correcta, pero no podemos afirmarlo con seguridad. Esperamos que las observaciones proyectadas para el futuro cercano nos saquen de dudas.

3. Era de las partículas elementales: durante las siguientes billonésimas de segundo el universo estaba hecho de las partículas más fundamentales (quarks, electrones, etcétera), antipartículas y radiación. Partículas y antipartículas se aniquilaban constantemente, mientras la radiación creaba nuevos pares, estableciendo un equilibrio global.

4. Etapa de la génesis de protones y neutrones: la radiación ya no era lo suficientemente energética para crear nuevos pares, la mayoría de las antipartículas se aniquilaron con las partículas y de estas últimas solo sobrevivieron unas cuantas. Los quarks se unieron para formar protones y neutrones durante las primeras décimas de segundo después de la inflación.

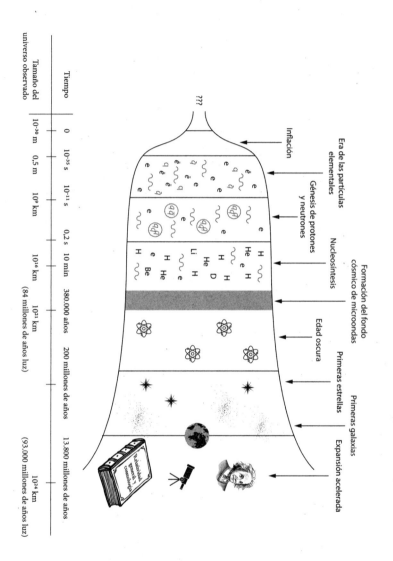

FIGURA 8. Ilustración de las diferentes etapas de la historia del universo. Se ha utilizado notación científica para indicar el tiempo y las distancias. En ella, el exponente indica el número total de decimales después de la coma cuando este es negativo, y el de ceros antes de la coma si es positivo. Por ejemplo, $10^{-3}=0,001$, mientras que $10^3=1.000$.

5. Nucleosíntesis primordial: la radiación se enfrió lo suficiente para permitir que los protones y neutrones formaran los núcleos atómicos más ligeros, sobre todo hidrógeno y helio. Este proceso se completó aproximadamente diez minutos desde el comienzo de la inflación.

6. Creación del fondo cósmico de microondas: 380.000 años después, por fin los núcleos atómicos fueron capaces de capturar electrones y convertirse en átomos neutros. El universo se volvió transparente y la radiación que hoy recibimos en forma de fondo cósmico de microondas comenzó a viajar libremente en todas direcciones. Las irregularidades primordiales crecieron, aunque aún eran pequeñas: las diferencias en densidad eran de una parte en cien mil. Comenzó la Edad Oscura.

7. Primeras estrellas: unos doscientos millones de años más tarde, las irregularidades habían crecido enormemente y formaron las primeras estrellas, que transformaron el hidrógeno y el helio en núcleos más pesados, y los esparcieron por el cosmos mediante explosiones de supernova. Se formaron el tejido cósmico, las galaxias y las estrellas de segunda y tercera generación. Algunos de estos núcleos pesados acabarían dando origen a planetas rocosos y, millones de años después, a seres humanos.

8. Sistema solar: aproximadamente nueve mil millones de años desde el comienzo de la inflación se creó nuestro Sol, y unos cientos de millones de años más tarde nuestro planeta. La vida aún tardaría cerca de mil millones de años en aparecer, y debieron pasar alrededor de tres mil millones más hasta que la acción paciente de la evolución transformó los seres vivos más elementales en el *Homo erectus*.

9. El presente: el 14 de marzo de 1879, unos 13.800 millones de años después del inicio de la inflación, una pequeña por-

ción de átomos logró combinarse en algo que llamaríamos Albert Einstein, quien en noviembre de 1915 hizo pública su teoría de la relatividad general, que proporcionó las herramientas para entender la maravillosa historia que acabamos de contar. De esta manera, el universo logra por fin su objetivo de entenderse a sí mismo.

Hace no demasiado tiempo el ser humano estaba cegado por el dogma de que aquello que ocurre más allá de la Tierra y que se muestra a nuestros ojos en la majestuosidad de una noche clara está fuera de nuestro alcance y reservado a seres divinos. Fue el genio de Isaac Newton quien hizo que los cimientos de este dogma se estremecieran al demostrar que el movimiento de los planetas se puede entender mediante simples ecuaciones, que de hecho son las mismas que explican la caída de una manzana en tu jardín. Hoy miramos al cielo y comprendemos cuál es la naturaleza, estructura y propiedades físicas de los objetos que observamos. Sabemos cómo se organizan a lo largo del cosmos y entendemos cómo se formaron en las etapas tempranas. El pensamiento crítico y científico ha desmitificado por fin la divinidad de «los cielos», y su descripción forma parte ya del conocimiento general. Este es un hecho sobresaliente, resultado de la más noble de nuestras cualidades, la razón. Mientras los mandatarios mundiales desgastan a la humanidad en sangrientas luchas de poder, los intelectuales trabajan juntos en la tarea altruista de entender el cosmos. Es admirable observar el trabajo de las grandes colaboraciones científicas, indispensables hoy para construir los grandes laboratorios, aceleradores de partículas, telescopios y satélites, y en las que científicos de diversas nacionalidades, razas, orígenes y tradiciones aúnan fuerzas en pro del beneficio global. Hay sin duda un mensaje importante que aprender aquí.

Y quizá lo más interesante de la historia contada en este libro es que el cosmos nos ha provisto de nuevos e intrigantes retos para el futuro. Entender el origen de la energía y la materia oscura, las cuales dominan hoy la evolución del universo, son dos de los mayores retos de la ciencia moderna. La humanidad necesita mentes jóvenes y atrevidas, dispuestas a romper los dogmas que persisten. Requerimos de nuevos Einsteins que nos ayuden a eliminar el velo que nos impide entender cuál es la naturaleza de estas misteriosas sustancias. Es probable que la respuesta revele secretos que todavía no alcanzamos a imaginar, como en su día hicieron las ideas de Newton y las de Einstein. No sabemos cuál es el camino correcto para resolver estos retos, pero es probable que ninguno de los conocidos lo sea. Necesitamos nuevos exploradores con ideas transgresoras, y animo a las mentes jóvenes a que lo intenten. Les garantizo que encontrarán en este viaje las aventuras más fascinantes que el ser humano pueda imaginar. Mantengamos siempre presentes las sabias palabras del maestro Antonio Machado, que destilan de forma brillante la esencia del espíritu científico: «Caminante no hay camino, se hace camino al andar».

Descubre tu próxima lectura

Si quieres formar parte de nuestra comunidad,
regístrate en **libros.megustaleer.club**
y recibirás recomendaciones personalizadas

Penguin
Random House
Grupo Editorial

 megustaleer